NON-FUNGIBLE TOKEN GAME

NFTゲーム・ブロックチェーンゲームの法制

BLOCKCHAIN GAME

LEGISLATION

【監修】松本恒雄
一橋大学名誉教授・早稲田大学理工学術院総合研究所 客員上級研究員

【編著】福島直央 一般財団法人情報法制研究所 上席研究員
澤　紫臣 アマツ株式会社 取締役

商事法務

はじめに

近年、ビットコインをはじめとする暗号資産や、その基盤を支えるブロックチェーン技術について注目が集まっています。そして、このブロックチェーン技術は、改ざんが難しいデータベースとして利用されている技術ですが、これをオンラインゲームでも活用しようという動きが出てきています。

2017年に最初に有名になったブロックチェーンゲームとして、『クリプトキティーズ（CryptoKitties）』が挙げられます。これは猫同士を交配させて新しい仔猫を産み出し、それを暗号資産のイーサリアムで取引するというゲームでした。

図表0-1 『クリプトキティーズ』

ゲーム内で生まれた仔猫のデータがあたかも美術品であるかのように高額で取引されるということで、ゲーム性は乏しかったのですが、その後、日本で開発された『マイクリプトヒーローズ』や『コントラクトサーヴァント』、海外で大ヒットしている『Axie Infinity』など、これまでのブラウザゲームと遜色ないタイトルも続々誕生しています。

図表0-2 『マイクリプトヒーローズ』

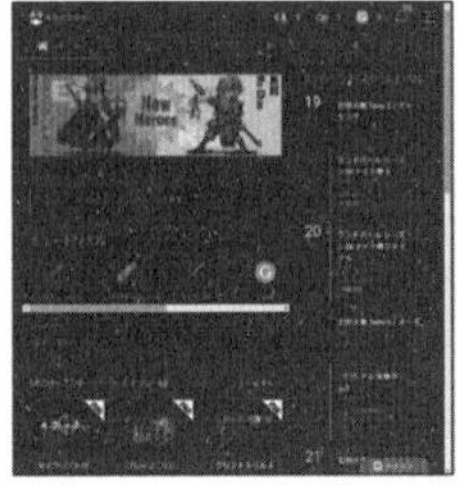

図表0-3 『コントラクトサーヴァント』

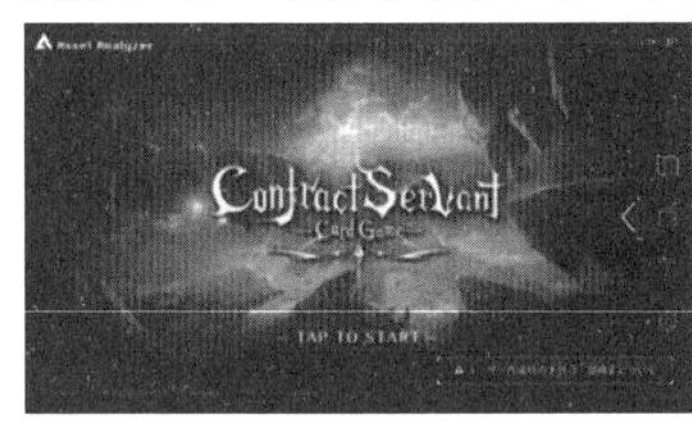

なぜ、ブロックチェーン技術を活用したオンラインゲームが注目を浴びているのでしょうか?

大きな理由として、ブロックチェーンを活用したゲームは、従来のオンラインゲームと異なった特徴があることが挙げられます。それは、アイテムを他者と取引しながらゲームを進めることが前提となる点です。

従来のオンラインゲームでは、様々な理由によりアイテム等の取引を認めない方針が主流でした。そして、認める場合にも同一ゲーム内で専用ポイントのみを用いて交換するなど、現金を介在させないものがほとんどです。

しかしブロックチェーンゲームでは、ゲームタイトルや事業者の枠組みを越えて、アイテム等の流通が技術的に可能です。それによって、今までになかった新しいゲームの形が生まれる期待を込めて、注目を浴びています。

さらに、最近ではVRをはじめとした体感的なインターフェース技術の進化や、広大なフィールドを用いた多人数プレイのゲームの発展から、メタバースへの期待が高まっており、メタバース上でのアイテム取引をブロックチェーン技術の用途の１つであるNFTを用いて行う試みもされています。

ブロックチェーンゲームと違い、メタバースにブロックチェーン技術を用いる必然性はありませんが、メタバースにNFTを用いようという場合は、本書のブロックチェーンゲームという言葉をメタバースと読み替えていただければ、充分に役割を果たせるものと思います。

本書ではブロックチェーン技術の基本的なところから、ゲームでの活用事例、そして法的な考え方までを網羅しています。ゲームサービスでのコンプライアンスや消費者保護が重視される現代において、ブロックチェーンゲームの企画設計や、法務でのゲーム仕様チェックといった事業の現場のみならず、国内でデジタルデータという「形のないもの」を扱う際に、是非お手元においてご参照いただき、ご活用いただければと思います。

編著者　澤　紫臣

刊行に寄せて

私たちの社会は、情報化によって刻々と変化するようになりました。インターネットは有線無線を問わず常時接続かつ高速な回線が当然のものとなり、スマートフォン、パソコン、ゲーム専用機といった最新の高性能端末が過去に比較して安価に手に入るようになりました。これらを駆使して、人々はアプリケーションを活用し、コミュニティを築き、日々を送るようになっています。

IoTが浸透した環境のもと、オンラインゲーム分野はその誕生から20年以上を経てなお、常に新しい技術を取り込み、ビジネスモデルを生み出し、人々の生活に密着したエンターテインメントとして発展をし続けています。

2010年代に誕生したビットコイン（仮想通貨、暗号資産）および、その根底にあるブロックチェーン技術と非中央集権的な哲学は、インターネット上での話題に止まらず、社会に対しても新しいビジネスをもたらすものとして大きなインパクトを与えました。

そして、オンラインゲーム分野にもこの技術は応用され、『ブロックチェーンゲーム』は今、新しいゲーム形態として注目されています。

その傍らで、ブロックチェーン技術によって生み出されたデジタルアイテムの権利の所在をはじめ、「形のないもの」の購買やその価値について、あらためてスポットライトが当たっています。

新しい技術が世の中に普及する際に、その技術を取り巻く法制度や事業者が参照すべきガイドラインの制定は、後からついてくることが常となっています。このため、新技術を活用する事業者同士でも考え方の違いが生まれやすく、ブロックチェーン技術のゲーム分野への活用や転用はまさにその局面にあるといえます。

私たちは、ブロックチェーン技術の登場する10年以上前から、RMT（Real Money Trading）と呼ばれるデジタルアイテムの売買だけでなく、ゲームプレイに必要なアカウントの取扱い、前払式支払手段の運用、例えば未成年者による高額購入防止からサービス終了時の適法な補償まで、消費者保護の観点でサービスのあるべき姿について議論を重ね、取り組んでまいりました。

こういった背景のもと、ブロックチェーン技術によって生み出されるデータの価値や権利について一定の解説・解釈が不可欠であろうという観点から、本書は制作されました。

制作にあたり、各分野に明るい先生方・有識者の力を借りつつ、現時点で議論を重ねたことは、適法かつ消費者にとって安心安全なサービスを目指すオンラインゲーム、ビデオゲーム業界のみならず、社会にとって大きな価値を持つと考えています。

これから新規にブロックチェーン事業を始めようという人や、すでに開発や運用を開始している企業の参考書として、あるいは業界団体等のガイドラインを読み解く際のサブテキストとして、本書が活用され、今後のインターネットビジネスやオンラインゲーム産業が発展していくことを願ってやみません。

一般社団法人 コンピュータエンターテインメント協会（CESA）
一般社団法人 日本オンラインゲーム協会（JOGA）
一般社団法人 モバイル・コンテンツ・フォーラム（MCF）

CONTENTS

第1章

ブロックチェーンゲームの基本

近年、ブロックチェーン技術が注目されています。本章ではブロックチェーン技術について簡単に解説し、その応用であるブロックチェーンゲームの基本的な内容を説明します。

1 ブロックチェーン技術とは

ブロックチェーンは日本語で「分散型台帳」と表現されます。これは、管理者であるコンピュータが分散し、「ノード（Node、ネットワークにおける構成要素）」として常に計算に参加し、相互にチェックされることによって、実質的にデータの改竄〈かいざん〉が行われにくいディセントラライズ（Decentralize、非中央集権化）されたデータベース、台帳と考えることができます。

分散されているため中央で一元管理をするサーバーが不要であり、中央への侵入や攻撃が理論上ないだけでなく、ノードの一部が故障やダウンをしていても他のノードによって演算が継続されるという利点があります。

ブロックチェーンは、「ブロック」と「チェーン」という言葉からもわかるように、データの塊をブロックと捉え、データが更新されるたびに新しいブロックに前のブロックのハッシュ値が書き込まれ、それがチェーンのようにつながったものです。例えば、暗号資産なら1つひとつの取引がブロックとなります。

改ざんが行われにくい点について、あるノードにおいて一部のブロックを遡って改ざんしようとしても、含まれているハッシュ値に前後のブロックと齟齬があれば整合性がとれなくなり、これは他のノードからも検証されるため、結果として改ざんができないことになります。

この堅牢な台帳は、履歴が演算に参加するノードによって検証されるゆえの透明性がありますが、そのデータの保有者が誰であるかという点については匿名性が高いといえます。このことは、例えば盗難された暗号資産が、どの時点でどれくらいの分量が移動したかは明白なのに、誰の手元へと移動したのかの追跡が難しいことからもわかります。

このブロックチェーンの特性は、仮想通貨や暗号資産といった身近となったものだけでなく、様々な分野での活用が試みられています。履歴の改ざんに強いことから、透明性が求められる分野、例えば不動産の登記や電子カルテ、あるいは移転していくアートの権利の証明に応用できないかというものです。

なかでも「基本無料＋アイテム課金」のビジネスモデルがスタンダードとなっているオンラインゲーム分野への応用は盛んで、世界的にも数多くのゲームタイトルが生み出されており、まさに黎明期であるといえるでしょう。

2 ブロックチェーンを使ったゲームの実際

本書では、ブロックチェーンゲームを以下のように定義します。

> **ゲームにおけるアイテム等のデジタルデータにブロックチェーン技術を用いるとともに、そのデジタルデータの交換が可能なゲーム。**[1)2)]

ブロックチェーンゲームの実装において現在主流となっている

1）ここで述べているアイテム等はゲーム内の仮想のものであり、キャラクター、カード、道具等、アートの形状を問いません。
2）ブロックチェーンの活用方法はアイテム等に限りませんが、現在の主流に従ってこのように定義しています。

のが、暗号資産のうちの１つである「イーサリアム（Ethereum、単位表記：ETH)」のブロックチェーンネットワークをベースとしたものです。

イーサリアムには各種の規格があります。これらの規格は「ERC（Etherium Request for Comments）＋番号」で表わされます。主なものにERC20やERC721があります。

ERC20は、イーサリアムをベースとしたトークンのインターフェース標準を定めた規格です。いわゆる電子ポイントやバーチャル・コインなどを開発するのに有用で、個数を数えられるトークンの実装に使われます。置き換えの効くものという意味で「代替可能性がある」と呼びます。代替可能性とは、例えばトークンによってバーチャル・コインを実装した場合、その１コインは、他の１コインと交換しても価値が違わないことを指します。10円玉はどの10円玉と交換しても、誰と交換しても、10円という価値は変わらないのと同様です。これをもって代替可能性があると表現しています。

仮に、ERC20でトークンを実装して、イーサリアムと相互に交換できるバーチャル・コインを作成するとします。ベースとなるイーサリアムは資金決済法に定義される「１号暗号資産」であることから、当該バーチャル・コインは１号暗号資産と相互に交換できる「２号暗号資産」となり、同法の適用を受け、金融庁の登録による「暗号資産交換業者」でなければ取り扱うことができないものとなります。

ERC20に似たものに、ERC223があります。これは誤送付時の返送やトークンそのものにデポジット的な振舞いを持たせるなど、ERC20での課題を解決する仕様を含んでいますが、正式採択はされていないため普及はしていません。

図表1-1　ERC、ERC20、ERC721

ERC：Ethereum Request for Comments の略称。イーサリアムベースの規格。 ERC20：ERC20で実装されたトークンは、暗号資産イーサリアムと交換できる場合、２号暗号資産に当たると考えられる。 ERC721：Non-Fungible Token の標準。代替不可能性のあるユニークなトークンを実装できる。

ERC721は、ユニークなアセット（デジタルデータ、アイテム）を開発するのに有用です。ゲーム内アイテムとしてトークンを作成し、１つひとつを固有のものとして実装することができます。

先ほどのバーチャル・コインは「代替可能性がある」としましたが、このトークンは置き換えの効かないものと言えるので、「非代替性トークン」「ノンファンジブルトークン（Non-Fungible Token、略語：NFT）」と呼ばれます。

先ほどのブロックチェーンゲームの定義における「アイテム等のデジタルデータ」ですが、ERC721が広く使われています。ERC規格を用いることで、NFTを暗号資産のイーサリアムと交換できるように実装することが可能です。

例えばゲームでよく用いられる「やくそう」というアイテムをERC721で実装すると、それを10個ユーザーに発行する際は「やくそう」×10という形では処理できず、「やくそう」「やくそう'」「やくそう''」「やくそう'''」……（便宜上「'」をつけています）と、個別に10種のトークンを管理することになります。

ですので「やくそう」を１つ使用するにあたってはその後の個数を「10-1=9」と求めるのではなく、先ほどダッシュをつけたように10個それぞれ別々の「やくそう」のうちどれを使用するかを指定して処理した後で、あらためて計数するなどの行為が必要となります。

この例から逆説的に、ERC721では「やくそう」のような汎用性のある消費アイテムではなく、「ユーザー全員が集うオンラインゲーム世界に数振りしか存在しない聖なる剣」や「色、大きさ、形が1つとして同じ個体のいない野生動物カード」といったユニークアイテムを実装する用途で使うほうが目的に合致しているといえます。

図表1-2　NFTに適したアイテム

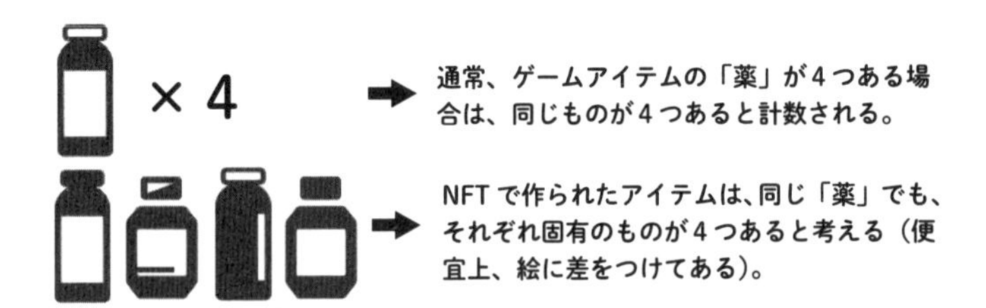

※消費され、効果に差異のないアイテムはNFTに向いていないといえる。

多くのプレイヤーが参加するオンラインゲーム世界では、「数振りしか存在しない聖剣」などのユニークアイテムは、NFTに向いているといえる。

これらイーサリアムの規格で構築されたNFTは、その移動や付帯情報の書換えといった演算が発生するたびに「ガス代（Gas Fee）」というコストがかかります。これは一定ではなく変動しており、このコストはブロックチェーンのネットワーク演算手数料として、演算者（ノード）に支払われます。これはビットコインにおけるPoW（Proof of Work）の上位貢献者にビットコインが付与されるマイニング報酬と同様のものであると考えることができます。PoWはブロックチェーンにおけるコンセンサス・アルゴリズムの１つです。

１つのゲームのみにブロックチェーンのネットワークが使用されるわけではありませんので、世界中でイーサリアムのネットワークへの演算要求が多い状態にあれば、ガス代が上がります。このガス代は操作時におおよそかかる分量を推計表示できますが、ユーザーがさらに積み増すことによって、これから行おうとしている操作のネットワーク内での優先順位を上げることができます。

最近のトピックとして、PoWは演算に世界中で電力を消費することから、SDGs（Sustainable Development Goals、持続可能な開発目標）観点で好ましくないという議論があり、代替としてPoW同様のコンセンサス・アルゴリズムであるPoS（Proof of Stake）が注目を集めています。こちらは演算にマシンパワーを必要とせず、ネットワークに関わるトークンの保有量や保有期間等の一定のルールのもと、演算の承認をしようというものです。

これらの規格や特性をもとに、ブロックチェーンゲームのNFTに関係する操作の実装には、「スマートコントラクト」が用いられます。

元来スマートコントラクトとは、「スマートフォン」や「スマートホーム」「スマートシティ」のように、IT、IoT活用の仕組みの１つとして「契約（コントラクト）」を司るものとして使われる言葉です（79頁 Column 参照）。

ですが、ブロックチェーンにおける「スマートコントラクト」の場合は、ブロックチェーンネットワークをプラットフォームとし、その上で動作するプログラムを指します。ブロックチェーンゲームにおいて、少なからずNFTを扱う部分は、スマートコントラクトとして実装されるということになります。

ブロックチェーンによってスマートコントラクトへの考え方やアプローチは違い、すべての暗号資産においてスマートコントラクトが実装できるわけではありません。ERC721をはじめとした規格のあるイーサリアムが選ばれる理由は、その選択肢の多さであるともいえます。

また、ブロックチェーンのスマートコントラクトを用いて動作する非中央集権的なアプリケーションを「DApps（ダップス、Decentralized Applicationsの略）」と呼びます。暗号資産（仮想通貨）は、DAppsの最たるものということができます。

図表1-3　中央集権型のサーバーとブロックチェーンの棲み分け、混在

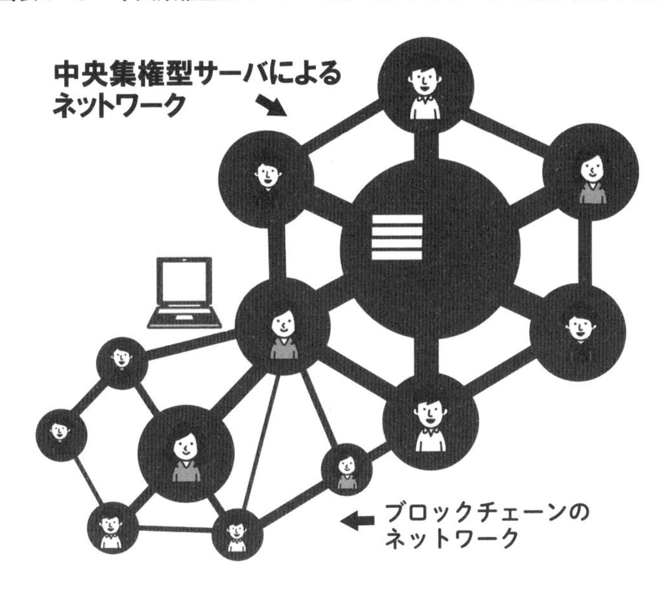

しかしながら、ブロックチェーンゲームと呼ばれるものであっても、ゲームのルールそのものをスマートコントラクトとして実装しているゲームはさほど多くありません。ルール・勝敗や競争の判定基準が複雑なゲームや、あるいは仮想的な世界を中央のサーバー上に構築して多数のユーザーがアクセスするMMORPG（Massively Multi player Online Role Playing Game 、大規模多人数接続型オンラインロールプレイングゲーム）のような従来型のオンラインゲームと、非中央集権的であることを命題とするDAppsの融合が進むのはこれからといえます。

次章では、スマートコントラクトによってNFTが実装されたブロックチェーンゲームについて、特徴的な例とともに説明します。

第2章

ブロックチェーンゲームの特徴

ブロックチェーンゲームは、従来のオンラインゲームとは異なる特徴を持ちます。ここでは特徴を整理するとともに、具体的な事例を紹介します。

1 NFTとは何か

ブロックチェーンゲームは、ユーザー間でアイテムやキャラクターなどが取引されることを前提として企画設計されています。

取引されるアイテムやキャラクターは、前述のようにNFT（Non-Fungible Token）と呼ばれていますが、このNFTとは何かをまず理解する必要があります。

NFTのFungibleとは、翻訳すると「代替可能性」という意味を持ちますが、それがないということですので、代替可能性がないデジタルトークンのことをNFTと呼ぶということになります。

代替可能性がないとはどのようなことでしょうか。例えばブロックチェーン技術を活用したものとして最もよく知られているのはビットコイン（BTC）、イーサリアム（ETH）などの暗号資産ですが、これはどの1つ（1BTC、1ETH）をとっても基本的には同一で、同一の価値を持ちます。1BTCを購入してみたら、他の領域の1BTCとは別の値段だったとなると困りますので、そのようなことがないようになっているわけです。そのため、代替可能性はあるということになります。

NFTの場合は代替可能性がないわけですから、他のものとは違う、唯一無二のものであることが求められます。わかりやすい例でいえば、美術品などが挙げられます。例えばゴッホが描いた自画像が2つあったとしても、それらは作成の過程や作成時の画

図表２−１　NFTの代替不可能性

モチーフ

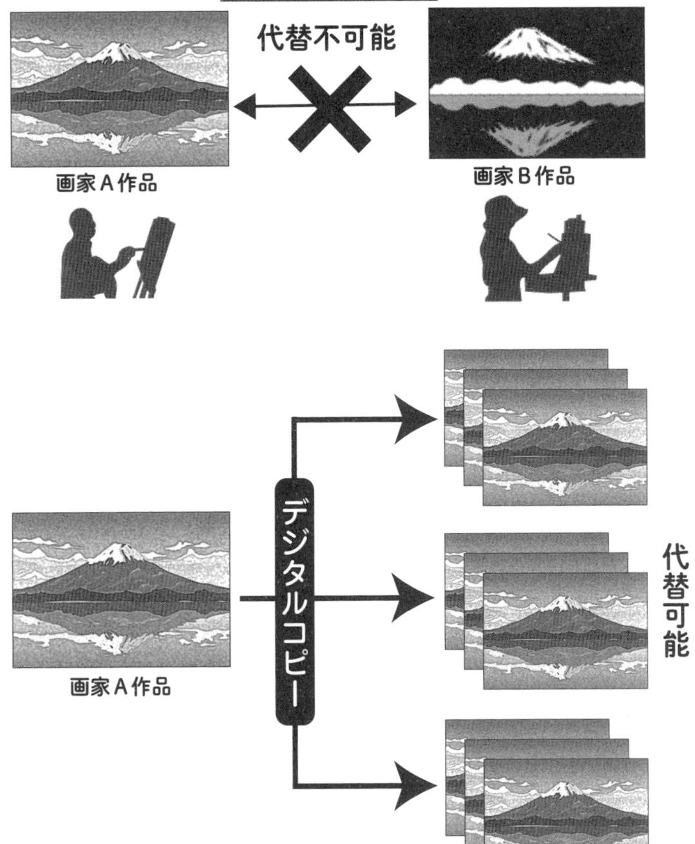

家の描き方等によって違いが発生します。まったく同じものではないので、値段や価値は変わってきてしまいます。これと同じようなデジタルトークンが、NFTとなるわけです。

2 ブロックチェーンゲームの特徴

一般的に、ブロックチェーンゲームの謳い文句・利点として、例えば次のような目をひくキャッチコピーが用いられることがあります。

「アイテムの希少性が担保されている」
「ゲームAのアイテムがゲームBでも使える」
「アイテムがユーザーの資産となる」
「アイテムの売買が暗号資産によって行える」

いずれもこれらはゲーム内アイテムであるNFTの特徴をゲームならではの観点から示したものといえます。ですが、キャッチコピーを魅力溢れるものにしようとするあまり、本質を見失わせる結果となっては本末転倒です。いずれも実装次第とはいえ、ブロックチェーンゲームすべてに当てはまるわけではありません。1つひとつ紐解いていきます。

(1) 「アイテムの希少性が担保されている」

アイテムがNFTであれば、それぞれがユニークですから、いずれも希少性があると考えられます。

しかしながら、ゲームアイテムとしての「希少性（レアであること）」はユニークであるかどうかを問わず、それが視覚的に示されていること、ひいてはそれがゲームのルールにおいて優位性につながることをユーザーから求められます。ゲーム内で優位であったり、その珍しさをもって他ユーザーから称賛されたりするものでなければ、ユニークであっても「希少性」という言葉で語るのは難しいでしょう。NFTはそれぞれユニークでも、それに紐付けられた「ゲーム内での優位性」を事業者が設定や管理をするということが考えられます。例えば、現実のトレーディングカードゲームにおいて、ゲームカードの販売企業はレアであると定めたいカードの性能数値を適宜設定し、紙へ刷る数を限れば名実ともに「レア」であると呼べますが、それと同様の設定を施すなどが考えられます。

紙に刷られたカードが何枚市場に流通し、死蔵されずに対人ゲームに活用されるかは制御できませんが、ブロックチェーンゲームでは実装によってこの点を明らかにすることが可能なので、現実のトレーディングカードゲームとは似て非なる希少性を演出することもできると考えられます。

(2)　「ゲームAのアイテムがゲームBでも使える」

これはゲームをDAppsとして設計した際に、NFTによって実現できる特徴といえます。あるNFTが単一のゲームシステムによらずに外部のサービスでも利用できる場合、用途の可能性は広がります。その外部のサービスは、取引用のマーケットサービスや他のゲーム等です。

しかしながら、すべてのブロックチェーンゲームでこういったNFTの互換性が担保されているわけではありません。あるNFTをそのゲームシステムがどう解釈し、ゲームルール上の扱いを決め、画面上にどう表現するかについては、実装次第です。

ゲームＡにて、ルール上優位なNFTをゲームＢへと持ち込んだ場合に、当然システムやルールが違いますので、必ずしもゲームAで使用したときと同様に優位なプレイができるかというとその限りではありません。

例えば、皆でトランプカード（ゲームAのNFT）のババ抜きで遊んでいるときに、ある人が花札（ゲームBのNFT）を持ってきて「これをジョーカーとみなす」といったところで、形態の違うカードをジョーカーとしてしまうと、持っている人がすぐにわかってしまうので、ババ抜きは途端に面白くなくなります。

このため、他ゲームからNFTを受け容れる際にどのような扱いにするかについては、あくまで事業者次第といえます。

図表2-2 ゲームAのアイテムがゲームBでも使える

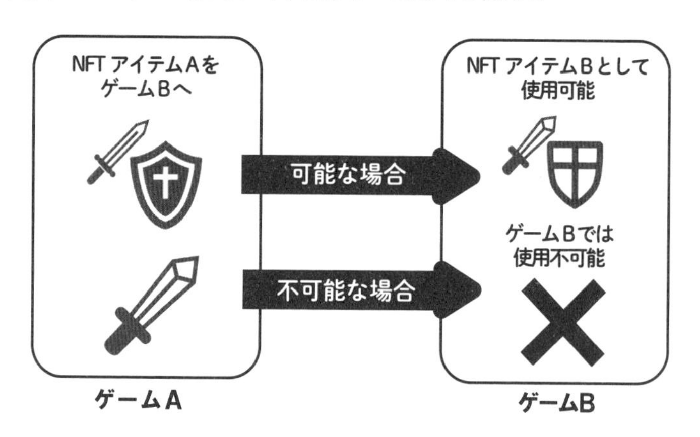

■ゲームAで使用していたNFTを、ゲームB内で参照して使用。
■NFTがゲーム間を移転しているように見える。
■ゲーム間のコラボレーションを実施していなければ、使用不可能。

事業者側に立って考えると、他社のゲームＡですでに購入されたアイテムのNFTを、自社のゲームＢに持ち込まれても、商売上のうま味はありません。この場合、別途の移転手数料を得るなどが考えられます。

そのほか、移転した際の権利等については、第４章にて解説しています。

(3)　「アイテムがユーザーの資産となる」「アイテムの売買が暗号資産によって行える」

このキャッチコピーは、ゲームのNFTが暗号資産や現金との交換可能性があることをもって「資産」であると表現しているものと考えられます。

確かにNFTは暗号資産や現金との交換可能性がありますが、ゲームサービスの運営が終了した場合、NFTそのものは非中央集権的であるがゆえに半永久的にブロックチェーンのネットワーク上で取引対象とされつつも、用途もなく、市場価値が限りなくゼロのデータになってしまうことも考えられます。

これらのことについては、第４章や第６章で詳しく解説しています。

Column　ブロックチェーンゲームの魅力

現代における広義の「ビデオゲーム」は、AAA級と呼ばれるものからインディーゲームまで、規模の大小を問わず面白さの要素は多岐に分かれており、設定されたルールに基づいてスコアや勝敗が決まるという伝統的なゲームもあれば、オンラインゲームやソーシャルゲームのようにゲーム中のコミュニケーションや、プレイを通じて構築されるコミュニティに意義を見い出せるゲームもあります。
ブロックチェーンゲームならではの面白さがあるとすれば、定義の難しい「ゲーム性」に依る部分はさておくとして、NFT取引が可能な点が挙げられます。
イーサリアム等の暗号資産は、暗号資産交換業者（仮想通貨取引所）において市場原理による相場を形成しており、その内側に、暗号資産と交換できるNFTの価格変動があります。このため、投機的な趣があるのは否めません。

3　具体的なブロックチェーンゲームの事例

(1)　ウォレット

①　ウォレットとは

ブロックチェーンゲームをプレイするにあたり、NFTやイーサリアムを扱うのに「ウォレット」が必要となります。仮想通貨取引所で購入した暗号資産を一度ウォレットに送付して、ゲームからウォレットを呼び出して使用するのが一般的な操作方法です。
ウォレットは、暗号資産を保管するためのハードウェアもありますが、ブロックチェーンで用いられるウォレットは概ねソフトウェア・アプリケーションです。また、仮想通貨取引所に預けてある暗号資産を直接使用するゲームは現時点では存在しません。
ウォレットという名前ではありますが、ブロックチェーンにおける秘密鍵にユーザーインターフェースをつけたものですので、その取扱いは慎重にすべきです。
そのほかウォレットの用途として、従来型のオンラインゲームでは会員登録にてIDとパスワードをもってアカウントを管理したり何らかの識別データをアプリ内部に格納したりして、ゲームサーバー側からユーザーを識別できるようにしていましたが、ブロックチェーンゲームの場合は、ウォレットがゲーム内部でアカウントとして用いられることにより、その役割を兼ねることがほとんどです。会員登録がないまま遊べるように実装できるため、この限りにおいては匿名性が高いともいえます。

図表2-3　ウォレットの種類

ウォレットの種類	説明
ブラウザ機能拡張ウォレット	パソコンのブラウザでゲームにアクセスする際に活用。
ウォレットアプリ	ウォレットアプリ内でゲームをプレイすることができる場合も。
ゲームアプリ内ウォレット	ゲームアプリの内部にウォレットが組み込まれている。
ハードウェアウォレット	ブロックチェーンゲームでこれらを直接使用することはほとんどない。
仮想通貨取引所内のウォレット	（同上）

②　ブラウザでのウォレット

PCブラウザでプレイするブロックチェーンゲームは、ブラウザの拡張機能としてウォレットをインストールしておく必要があります。最もポピュラーなものが『MetaMask』です。ポピュラーゆえに、ゲームのプレイ時にMetaMaskをインストールするように指示されることがほとんどです。

例えば、ブラウザのChromeへ新たにMetaMaskをインストールすると、秘密鍵が生成されてウォレットが使えるようになり、アドレスが与えられます。このアドレスへ仮想通貨取引所からイーサリアムを送付し、ブロックチェーンゲームにアクセスした上で、そのゲームのNFTを購入する流れになります。

図表2-4　MetaMaskのWebサイト

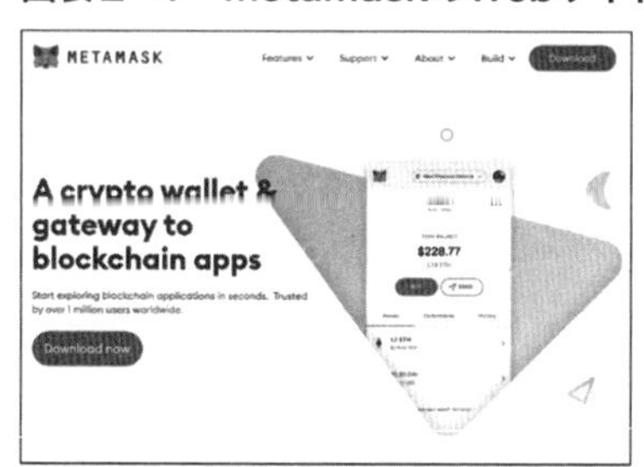

③　ゲームに対応したスマホ用ウォレットアプリ

スマートフォンでブロックチェーンゲームをプレイする場合ですが、iOSやAndroidOSといったメジャーなスマートフォン用OSに搭載されているブラウザへは、PCと違って機能拡張をOSの許可なく自在にインストールすることはできませんので、ゲームに対応したウォレットアプリをインストールすることになります。ウォレット利用者のためのコンテンツの1つとして、仮想通貨動向のニュースや各種キャンペーン情報といったものと同列にゲームが扱われているといえます。

図表2-5　様々なスマホ用ウォレットアプリ

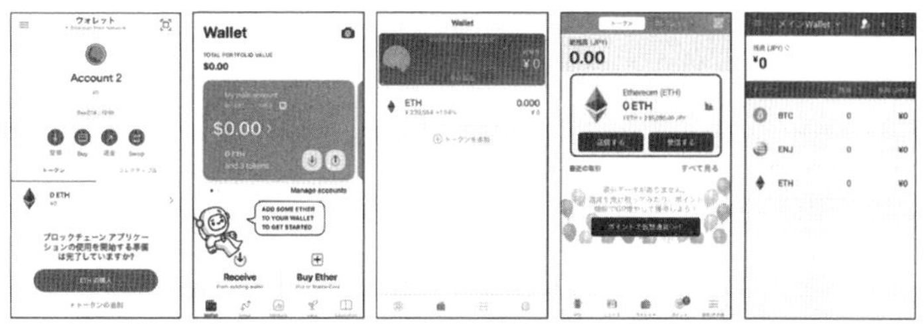

④　ウォレットを内蔵したスマホ用ゲームアプリ

スマートフォン向けに提供されているゲームの中には、単体でウォレットを内蔵したアプリとしてリリースされているものがあります。

動作としてはアプリ内にウォレットが作成され、それを用いてのプレイとなります。

アプリ内蔵のブラウザがWebサーバー上のブロックチェーンゲームへアクセスするものは、前述のスマホ用ウォレットアプリ内でプレイするゲームと使用感は似たものとなります。

図表2-6　ウォレットを内蔵したスマホ用ゲームアプリ

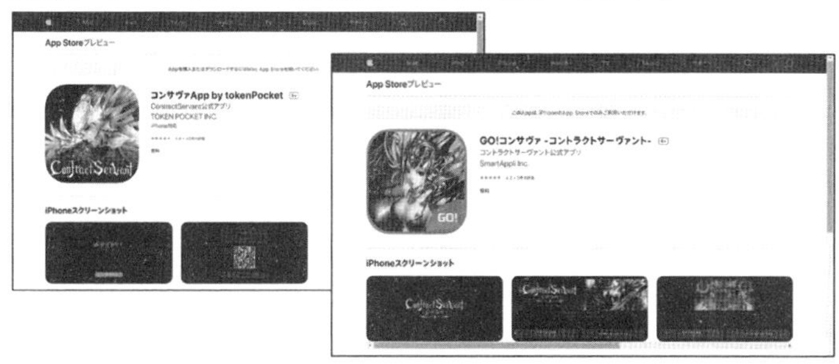

どちらもゲーム『コントラクトサーヴァント』のアプリだが、ウォレット開発会社が違い、それぞれ別アプリとしてリリースされている。

(2) ゲーム例

① 『クリプトキティーズ（Dapper Labs社）』

ブロックチェーンゲームで最初に話題となり人気が出たゲームは、『クリプトキティーズ（CryptoKitties）』です。これは2017年11月に公開されたブラウザゲームで、ゲームといっても操作やルール上の勝敗によって何かを達成するものではなく、NFTの取引を行うこと自体が、コミュニケーションとともにユーザーの楽しみとなっています。

仕組みは、イーサリアムで猫のキャラクターを購入し、その猫同士を交配させると新たな図柄の仔猫が誕生するというものです。誕生する仔猫は、交配の対象となった猫とは違うものが生成され、NFTですので売却することができます。猫は図柄の希少性やユーザー内での人気度合いで売価に差異が生まれるほか、ダッチオークション方式により買い手がつかない時間が長ければ長いほど売価が下がっていきます。人気のあるものをどのタイミングで購入すれば最適かという駆引きは、単なる取引以上の楽しみをもたらしているといえます。

図表2-7 『クリプトキティーズ』

② 『マイクリプトヒーローズ（double Jump.Tokyo社）』

このゲームは、国産のブロックチェーンゲームとして、取引高、取引量、DAUで世界第1位を記録したことがあります（運営社プレスリリースより）。

ゲーム内の「ヒーロー（キャラクター）」「エクステンション（武器）」「ランド（土地）」と呼ばれるアセット（NFT）を取引することができ、これらを用いてプレイを進めます。

ユーザーは敵を倒しながらアイテムを入手してヒーローを育成し、ゲーム内の世界（Crypto World）の制覇を目指します。先述したクリプトキティーズがNFT取引を楽しさの中心に据えていたことに対し、このマイクリプトヒーローズはゲームのルールも整備されており、一般的なブラウザゲームと遜色なく楽しむことができます。

図表2-8 『マイクリプトヒーローズ』

③ 『コントラクトサーヴァント』

このゲームはファンタジー世界をベースとして、トレーディングカードでバトルを行い勝ち進んでいくスタイルで、ゲーム内にカードの取引機能があるのが特徴です。

ゲーム内に取引機能があることで、やりとりしようとしているNFTがどのようなものなのかを明示し、確認することができます。

一般的に、ブロックチェーンゲームでは様々なパラメータが用いられますが、すべてがブロックチェーンに刻まれているわけではありません。ゲーム内キャラクターやアイテムのデータを、取引や移転のタイミングで利用者が任意に「NFT化」する手順を踏むことが多いです。

理由としては、例えばゲーム進行によるパラメータの変化に応じて都度ブロックチェーンのデータを書き換えていたのではコスト（ガス代）や時間がかかってしまうこと、ゲームのプログラムすべてをスマートコントラクトとして実装していたのでは、バージョンアップ等のフレキシブルな運用ができないこと等が挙げられます。

また、NFT取引に使われるマーケットサービスは、ゲーム事業者にとっては第三者のため、セキュリティ上ゲームサーバーやデータベースへアクセスさせる必要がないともいえます。マーケットサービスに表示されているNFTの情報欄に詳細なパラメータ等が記載されていないことがあるのは、こういった理由からです。

さらに、このゲームにはいわゆる「合成」の仕組みがありますが、従来のソーシャルゲームにおける一般的な合成の仕様とは異なる点があります。

従来の合成では、異種のカードを複数枚用い、合成後は言葉のイメージどおり新たな1枚のカードが誕生します。しかし、このゲームにおける「ミックス」機能の場合は、元のカードが残ります。カードにつき1回という制約や、機能の発動にガス代がかかる等はありますが、NFTが失われることはありません。これは『クリプトキティーズ』で仔猫を交配する際も同じで、NFT特有の実装といえます。

似た仕組みであるいわゆる「進化」も、従来のソーシャルゲームでは同種のカードを掛け合わせて1枚に集約していくことでパワーアップする等のギミックがありますが、これもこのゲームでは異なる仕様で実装されています。同種のカードでもパラメータ内容がそれぞれ違い、掛け合わせても集約されずに手元に残したまま「レゾナンス」機能として任意のカードをゲームプレイ中に強化できます。

図表2-9 『コントラクトサーヴァント』

これらの仕様は、NFTの代替不可能性に着目しつつ、同時に現行法に最大限配慮した設計となっていると考えられます。合成や進化については、第３章にて解説しています。

図表2-10　カード詳細。多数のパラメータがあり、そのカードを唯一のものとしている

④『アクシーインフィニティ（Sky Mavis社）』

2021年、世界で最も話題となったブロックチェーン・ゲームのタイトルを挙げるとするならば、『Axie Infinity（アクシーインフィニティ）』をおいて他にないといえます。

どれくらい流行しているかというと、「アレと同じようなゲームを作りたいが企画を頼めないか」という相談が筆者のところに舞い込んで来るレベルです。オーダーは概ね「日本型のソーシャルゲームとガチャ販売のシステムを用い、キャラクターやアイテムをNFT化して売買するマーケットプレイスを併設し、適当なIP（知的財産権）を当てはめればあわよくば大儲けできるに違いない」という安直な発想の域を出ておらず、本書で解説している各種法制との摺合せへの関心もなければ、ゲームシステムの模倣にしてもそもそもこのゲームがどのようなものであるかの理解とは程遠いものです。

ここでは、1つの大きなトピックとして『Axie Infinity』のゲームシステムに加えて、流行の地盤となった「Play-to-Earn」を支えるアセットやトークンの仕組みを解説します。また、アクシーを参考としたブロックチェーンゲームの国内開発運営を企図するにおいて懸念される点、および本書での参照すべき点をガイドします。

参考事例 『Axie Infinity』とは

『Axie Infinity』はブロックチェーンゲームの名称で、ベトナムで2018年に設立されたSky Mavisによって開発運営されています。

その拡大は近年になって著しく、2021年7月にはAxie Infinity由来のアセットやトークンの累計取引高が10億米ドルを超え、それまでNFTコンテンツブームの象徴的存在であった『NBA Top Shot(Dapper Labs社)』の7億米ドル弱に大きく差をつけました。本稿執筆時(2021年末)で約180万人のユーザーがいるとされ、主にフィリピン、ベネズエラ、マレーシアといった新興国で収入源として人気があります。

1日あたり2,000〜3,000万米ドルの取引高があり、収益の多くはプレイヤーが「アクシー」と呼ばれるペット型キャラクターのアセットを繁殖させる際に必要なトークンの売上で、その他はアセットの取引手数料収入とされています。

Sky Mavisでは『Axie Infinity』以外に、NFTのアセットを取引するマーケットプレイスや、独自チェーンのトークンを操作する『RONINウォレット』や『Katana』、ゲームプラットフォームの『Mavis Hub』等の周辺ツールも開発運営しています。

プレイ環境は、暗号資産とウォレットを必要とすることからPCが最適です。アセットやトークンの遣り取りが不要なゲーム内バトルの部分のみであれば、スマートフォンでプレイすることができます（執筆時点でiOS版はβバージョン）。

ブロックチェーンゲームおよびアセットやトークンの売買にとどまらない網羅的なサービスは、ガバナンストークンによる非中央集権的な運営を中心に据えた独自の世界観を樹立しており、これらはホワイトペーパーにて公開されています（https://whitepaper.axieinfinity.com/）。

こういった点で、将来への期待を持ち、好んでいるユーザーも多くいると考えられます。

ビジネスモデルは、従来のオンラインゲーム、ソーシャルゲームを示すキーワードである「Free-to-Play（F2P）」「Pay-to-Win（P2W）」等になぞらえ、「Play-to-Earn」と呼ばれます。「稼ぐために遊ぶ」と直訳され、後述のプレイ代行などの仕組みもあり、ゲームプレイを作業と見立てることで「デジタル労働」であると捉えることもできます。そのほかGameとFinanceを合わせた「GameFi（ゲームファイ）」と呼ばれることもあります。

■プレイにかかる初期費用は５万円以上（執筆当時）

PCでこのゲームをプレイするにあたっては、初期の準備だけで相当ハードルが高いものとなります。サイトも英語表記というだけでなく、一般的なブラウザゲームのように、サイトにアクセスしてゲームを即時開始できるというものではありません。

ゲーム自体も18歳以上を対象としており、国内の仮想通貨取引所の口座開設ができるのは基本的に20歳以上ということもあって、成年向けゲームといえます（日本では2022年４月１日から成年年齢が18歳となります）。

まず、プレイには、アクシー（Axie）と呼ばれるキャラクターのアセットを最低３体購入する必要があります。購入までの手順はゲームサイト１つで完結せず、複数のサービスやウォレットを横断し、連携させることになります。

購入にあたっては、現状の価格帯を調べるためにサイト『Axie Marketplace』（https://marketplace.axieinfinity.com/）にアクセスし、販売されているアクシーの価格を確認します。安いものは概ね0.03WETH近辺で販売されていることがわかりました。

この単位「WETH」ですでにお気づきかと思いますが、ETH（イーサリアム）で直接購入するのではなく、ERC20トークンである「Wrapped ETH」に変換してアクシーの購入に使用します。

1ETHと1WETHは等価でペッグされています。1ETHは本稿執筆時の価格で55万円程でしたので、0.03WETHは約16,500円になります。これが３体必要なので、ゲーム開始時に５万円ほど必要です。高い価格がついているアクシーは性能も良いので、もしこのゲームに詳しい知識をもち、価格に合うものだと見極められるのであれば、それ以上のアクシーを買うこともできます。

■導入ハードルの高さ

購入手順ですが、国内の仮想通貨取引所に口座を開き、ETHを購入します。この際、ガス代など各種手数料を見込んで多く購入しておく必要があります。

次にブラウザの機能拡張として機能するウォレット「MetaMask」（https://metamask.io/）をインストールし、仮想通貨取引所の口座からMetaMaskのウォレットへETHを送付します。

その際、所定の手数料がかかります。今回の場合、0.005ETH、約2,750円分の手数料が別途かかりました。

次に『Axie Infinity』で利用されるブロックチェーンネットワークである「Roninネットワーク」に接続するための『Roninウォレット』（https://wallet.roninchain.com/）をMetaMask同様にブラ

ウザへインストール。その後、RoninメニューのBridgeからDepositへと画面を遷移させ、ゲームに送り込みたいETHをWETHへと両替しますが、このときに手数料としてガス代が発生します。

プレイにあたって、最初このガス代を惜しんでしまったため、一日かけてもトランザクションが通らないというトラブルがありましたが、最終的に0.02ETH（約11,000円）までガス代を積んで両替を完了させました。

図表2-11

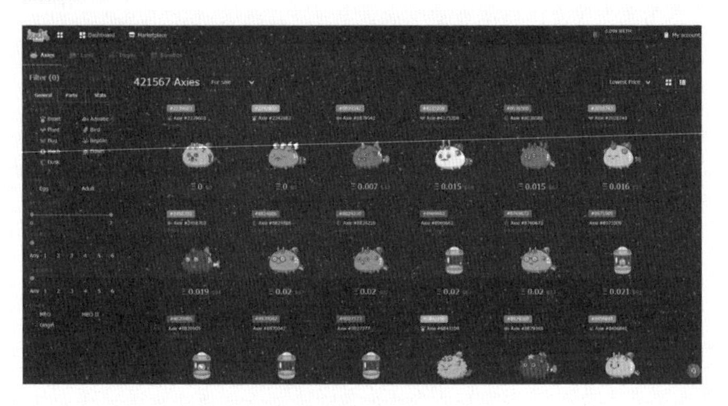

マーケットプレイスでWETHを使用できるようになったら、アクシーを購入します。このアクシー選びも、ゲームを遊ぶ前にゲームの仕組みを知らなければせっかく買ったものが役に立たないという結果になってしまいます。

もしこれが無料ゲームなら「好みで選んでしまってよい」で済ませられるのですが、ここまでで手数料込みで65,000円近くの出費をしているので、慎重に選びたいところです。

出費について、参考までにニンテンドーSwitch用『ポケットモンスター ブリリアントダイアモンド』のパッケージ版の定価は

6,578円ですので、約10倍の費用をプレイ開始までにかけているといえます。

このように、パッケージゲームと比較してしまうとAxie Infinityの初期導入コストは高く感じられますが、どちらかというと、TCG（トレーディングカードゲーム）に近いと考えたほうが良いかもしれません。

TCGには様々なものがありますが、例えば子供たちの間で流行っているゲームであれば、始めるだけなら玩具店で売っている2,000円程度のスターターキットで通り一遍のカードは揃います。ですが、到底カード性能は満足いくものではないため、デッキ構築にこだわり始めると、いずれ古物商許可のあるカードショップでレアで高価な中古カードを選んで買い揃えることになります。このときにかかる費用は数万円にのぼりますので、不要になったカードをショップに買い取ってもらうこともできるという点でも、比較対象と考えて良いでしょう。

■様々な要素が絡み合うアクシー選び

アクシーをマーケットプレイスで選ぶにあたっては、豊富なフィルターによる絞り込みを活用します。Class（種族）等で絞る「General」や、見た目の「Parts」、そしてパラメータの「Stats」の欄で、それぞれチェックボックスやスライダーを操作することで、欲しい性能のアクシーを抽出することができます。

種族はソーシャルゲームでおなじみの「三すくみ」による相性があり、見た目については例えば「牙があると噛む攻撃ができる」等の他要素との関係があるほか、パラメータの上下にも関わっています。

パラメータは、HP（体力）、Speed（素早さ）、Skill（スキル）、Morale（クリティカルヒット率）があり、種族によって得手不得手があります。

例えば、先制攻撃がとれるように、Speedが高いアクシーを選ぼうとしたら、種族はBird（鳥）かAquatic（水生生物）が候補に入ってくるという具合です。

その上、アクシーそれぞれに付随する「Abilities（カード）」が重要で、1つひとつをクリックして詳細画面を見て、攻撃だけでなく、回復やバフ（自キャラに有利な効果）／デバフ（敵に不利な効果）、場に与える特殊効果やShield（耐久力）の数値等を丹念にチェックし、3体のチームを編成した際に攻守ともにバランスが良いように選ぶことが肝要です。

図表2-12

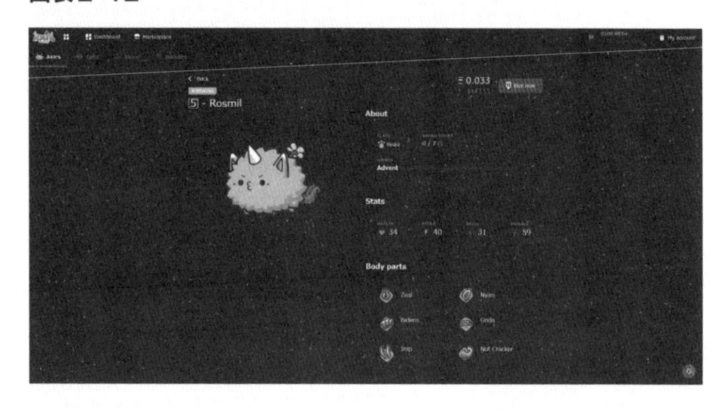

詳細の性能やカードの効果についてはゲームをやってみないと実感としてわからないことが多く、あらかじめ公式サイトや、そこからリンクされている攻略サイト、あるいはDiscord（ゲームによく利用されるコミュニティプラットフォーム）で情報を仕入れておきます。

ですが、英文のサイトに掲載されていることがほとんどで、日本におけるユーザーのブログ等では「稼げる」という切り口での紹介や、仮想通貨取引所のアフィリエイト目的でサイトへの誘導で終わっているものが多く、有益な情報に辿り着くには手間がかかります。

攻略についても、アクシーの買い方1つをとっても有料記事となっている場合が多いです。アクシー購入から毎日のプレイ回数までを詳細に分析し、初期費用をどれくらいの日数で回収できるかというシミュレーションをしている記事などがよく参照されているようです。

こういった情報を参考にして『Axie Infinity』を言葉通り「Play-to-Earn」として捉え、そこにモチベーションを見いだし、回収への意欲を高めなければ、プレイの継続は難しいといえます。

ここまでがいわば「準備」であり、仮想通貨取引所への現金預け入れから始めた場合、ETHのトランザクションにかかる時間も含めて、1日や2日はゆうに経過してしまいます。ここまで導入ハードルの高いゲームは珍しいといえます。

■『Axie Infinity』プレイの実際

アクシーを購入できたら、ここで初めてゲームアプリをインストールすることになります。PCの場合は、最初に『Mavis Hub』というランチャーソフトウェアをインストールします。おそらく、今後内包するブロックチェーンゲームのタイトル数を増やし、いわば『Steam』のようなゲームプラットフォームとなっていくことを企図していると思われます。

インストールできたら、PLAYボタンをクリックして『Axie Infinity』を起動します。

ゲームのアプリケーションが『Roninウォレット』と正常に接続されれば、購入したアクシーがチームとして編成できる状態になっています。編成といっても購入した3体はすべて使用することになるので、配置をどのようにするかを決めます。

公式サイトには序盤で有効なアクシーのヒントが書かれており、基本的にHPやShield（ラウンド開始時に発動する防御性能）が高いアクシーをディフェンダーとして前衛に配置し、アタッカーとしてSpeedやMoraleが高いアクシーを後衛に配置するのが良いです。Speedが高ければ相手のターンが来る前に攻撃の手番が回ってきますし、Moraleが高ければクリティカルヒット率が上がり、大きなダメージを与えることができるからです。

図表2-13

これは筆者のプレイ体験ですが、当初、先頭が1体きりだったため、ディフェンダーとはいえそこへ攻撃が集中してしまって持ちこたえられないことが多くありました。そこで、先頭の枠は空欄にしておき、2列目を前列として2体配置するように工夫しました。片方はHPが高く自己回復カードを持っているPlant種族のアクシーで、バトル中に長く持ちこたえることができます。もう片方はShieldのカードが多いBeastにして、直撃を避けられるようにしました。そうした上で、強い攻撃のカードを持っているAquatic種族のアクシーをアタッカーとして後列に配置し、前列が敵の攻撃を

受けている間に、しぶとくカードを繰り出せるようにしたところ、ゲーム運びが楽になりました。

このように、購入したアクシーそれぞれの特性によってどう編成したらよいかが変わってくるのです。力押しをしたいのか、生き延びることを優先したいのか、欠点を補い合えるようにしたいのか……etc.　これらをあれこれ考えるのはとても楽しく、願わくば1体あたりの価格が安ければ、試行錯誤の余地もあるというものなのですが……。

■基本的なゲーム進行

編成が完了すると、いよいよゲームらしい部分へ進むことになります。ゲームモードは大別して「ADVENTURE（アドベンチャー）」と「ARENA（アリーナ）」に分けられます。

アドベンチャーはPvE（対コンピュータ戦）で、あらかじめ用意された敵と順にバトルをし、クリアしていくことでマップ上のマスを進む方式です。そのマスに設定された敵を倒し、クリアできれば現在のマスにマークがつき、3つでコンプリートとなります。この

図表2-14

コンプリートが先に進む条件になっているマスもあり、これをマップが続く限り繰り返すことがプレイのサイクルとなります。

最初のマスに設定されている敵は3体編成ですが、進むにつれてそれが2組、3組と増え、連戦になっていきます。勝利するとEXP（経験値）とSLP（後述）が獲得でき、EXPが一定量に達するとレベルアップをします。

アリーナはPvP（対人戦）で、開始早々マッチングが行われ、他のプレイヤーが編成したアクシーのチームと戦うことになります。しかし、アドベンチャーで相応にレベルアップをしておかなければ歯が立たず「DEFEAT（敗北）」になることでしょう。当面は他のプレイヤーがどのような戦い方をしているのかを観察することにし、追加でアクシーを購入する際の参考にするのが良いでしょう。

プレイごとに消費するEnergy（エナジー）は1日あたり最大20個で、これは一般的なソーシャルゲームのように支払いで増やすことができません。エナジーはアクシーの所持数で最大数がアップします。10体以上所持すると40個に増え、最大60個まで拡張できます。

10体所持するまでは、アドベンチャーでもアリーナでも20回バトルをするとそれ以後はEXPやSLPが手に入らなくなり、翌日（ベトナム時間の午前7時）に一気に回復するまでその状態が続きます。

■時間のかかるゲームシステム

それ以降は、基本的にアドベンチャーとアリーナでのバトルの繰り返しです。日本や中国のソーシャルゲームで一般的となっているスキップ機能や放置機能はなく、1ラウンド1ターンごとにプレイヤーの判断を必要とするので張り付いてプレイすることになります。

例えばアクシー1体が出すカードの組み合わせによって発生するコンボや、別々のアクシーが出すカードが連携するチェインを活用するには、1ラウンド分の行動を見送って行動回数を貯めておき、次のラウンドでのカードのヒキを期待する等の駆引きがあります。

また、レベルが上がったところで敵の撃破は一筋縄でいかず、それなりに高いWETHを支払って性能の高いアクシーを購入していなければ、いわゆる「舐めプ（相手を舐めてかかる手抜きプレイの意）」はできません。

バトルのテンポは全体的に遅く、PC作業の傍らでウィンドウを開いて「ながらプレイ」をするにしても手がかかりすぎると感じます。このため、アドベンチャーだけを進めるにしても上限の20戦を消化するには2時間程度を要します。

図表2-15

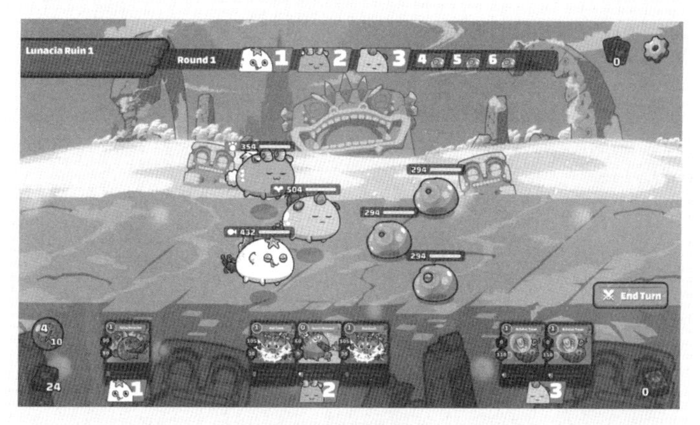

これらを総合して、『Axie Infinity』をデッキ構築型のカードバトルゲームとして評価すると、アクシー選びや編成、バトルにおけるカードの出し方などに面白さはありますが、このゲーム特有のものとは言い難いです。良くいえば「基本を押さえたゲーム」ですが、平凡と言い換えることもできます。ひと昔前のブラウザゲームで流行した仕様がそつなく実装されているに留まり、現代のゲームにしては薄味という印象を受けます。

しかし、ブロックチェーンの実装を除いたとしても、多彩なアクシーのPartsやAbilitiesのグラフィックを作成し、バトルを実装し、テストしてリリースできるクオリティにまとめあげるには、見た目のシンプルさ以上に多くの工数がかかっていると考えられ、2018年からの積重ねがあってこそのものであると推察できます。

■「Play to Earn」のモチベーション

現代的な評価視点では平凡で薄味なゲームといえますが、アセットやトークンの売却による「稼ぎ」に着目すると、プレイの意欲が大きく変わります。

アドベンチャーやアリーナでは「Smooth Love Potion（SLP）」が手に入ります。同様に、アリーナで勝利し上位入賞をすることで「Axie Infinity Shards（AXS）」を獲得できます。

どちらもイーサリアムをベースとしたERC20のトークンであり、分散型取引所の一種であるユニスワップ（Uniswap）のほか、海外の仮想通貨取引所バイナンス（BINANCE）でも取引されます。

ただし、国内ではどちらも金融庁に暗号資産交換業者としての登録がされていないので、日本居住者に利用を勧めることはできません。バイナンスに至っては2021年6月に金融庁から「無登録で暗号資産交換業を行う者」として警告も出ていますので、ご注意ください。

本書執筆時の数値になりますが、『Roninウォレット』でトークンの購入（Purchase）を選択して確認すると、100米ドルあたり、AXSは0.729AXS、SLPは1528SLPという購入可能量が表示されました。これは日本円でおおむね1AXSは15,600円程度、SLPは7.3円程度になります。当然、取引相場で価格は上下します。

2021年7、8月頃はAXSは4～5,000円台、SLPは20～30円台だったので3か月ほどの間にAXSは3倍に価格が上がり、SLPは3分の1ほどに下がったということができます。今後もそれぞれに相当な上下があることが予想されます。

図表2-16

SLPはアドベンチャーとアリーナのプレイで１日あたり50個ほど入手が可能です。もしアドベンチャーで10回勝利し、アリーナで５勝できれば、デイリークエストがクリアされたことになり、その報酬として25SLPを追加で受け取れます。

合わせて75SLPを満額で受け取れれば、先述の相場が維持されるという仮定において、30日で16,000円ほどを稼げるということになります。

初期費用がかかっているため、３～４か月にわたって毎日プレイすれば、それ以降は利益となる計算です。もちろん、トークンの相場、ETHの相場、移動させる際の手数料を考えると、そんなに甘い話ではありません。

とはいえ、海外で適法にBINANCEやUniswapが利用できるプレイヤーにとっては、ゲームプレイで得られるトークンが売却できることから、より効率的に、より勝利に近づくために、モチベーションが上がっていくと考えられます。

■トークン売却以外の要素

トークンの売却だけでなく、アクシーの交配やその結果誕生したアクシーの売却も、本作において稼ぐための重要な要素となっています。

アクシーを交配するには、SLPとAXSの両方が必要です。生まれるアクシーの種族がどちらの親のものになるかは50％／50％で、見た目を決定するPartsには顕性（優性）と潜性（劣性）があり、それぞれ確率が設定されています。カードも受け継がれるので、アタッカー同士、ディフェンダー同士で交配すると、ある程度意図したカードを持つアクシーを生み出しやすいといえます。

なお、交配回数は記録され、アクシー１体あたり最大で７回となっています。１回交配するごとにSLPの消費量が上がっていきますので、組み合わせ選びは慎重にならざるを得ません。アクシーは卵の状態で発生し、５日経過すると孵化します。卵の状態でも売却することはできます。

アクシーが生まれたら編成に組み込んでも良いですし、マーケットプレイスで売却してもかまいません。ですが、アドベンチャーやアリーナで勝ち進むことを考えると、すぐ売却せずに何度か交配してチームを強くしていくほうが良いと思われます。

また、開発中の要素としてLand（土地）の概念が挙げられます。実装されれば、フィールドにアイテム等を置いたり、ゲームで使用する資源が入手できるとされています。

現在は、かつてデモ公開で使用されたアセットが流通しており、アクシーよりもさらに高額で簡単には手が出せないものとなっています。安いものでも３ETH、実に150万円程度の価格がついています。

AXSはSLPと違って手に入りづらい上に別の用途があり、交配時に使用できるだけでなく、ゲームの外側で運営に関わるガバナンストークンとして機能しているほか、トークンのステーキング（保有）によって、新規に発行されるAXSを報酬として受け取ることができます。

■プレイ代行とスカラーシップ制度

『Axie Infinity』のプレイに時間がかかる仕様は、「誰かにプレイを代行してもらう」需要をも生んでいます。初期費用を持てない人であっても、プレイ代行であればゲームに参加することが可能であり、需給がマッチしているといえます。

プレイ代行にあたっては、プレイヤーは換金できるアセットやトークンを代行者に委ねることなく、ゲーム用アカウントとウォレットが別であることを利用し、もう1つのゲーム用アカウント（サブアカウント）を作って、そこにアクシーを紐付け、サブアカウントのみを代行者に貸し出して操作させます。

プレイヤーがアクシーのアセットを他人のウォレットへ移動させることもなければ、それこそ秘密鍵を伝える必要もありません。

『Axie Infinity』ではこのプレイ代行について、代行者を「Scholars（スカラー）」と定義してスカラーシップの存在を認めています。ただし、利用規約では秩序が壊れることを防止するため、例えば同一アカウントに複数者が24時間以内にログインすることの禁止や、botの使用を禁止する項目が存在し、スカラーの行動であってもアクシー所有者に責任がある旨の記載があります。

スカラーシップにおいて、プレイヤーは「マネージャー」と呼ばれます。マネージャーはスカラーをDiscordなどで探して交渉し、契約をします。マネージャーはスカラーのプレイ代行によって得られたトークンを、スカラーへと分配します。

この仕組みは『Axie Infinity』に内包されているわけではなく、言わば「野良」の状態で行われています。

■ギルドの存在

スカラーシップを円滑にするための仲介組織が存在し、ギルドと呼ばれています。例えば、大手の『Yield Guild Games（イールド・

ギルド・ゲームズ、YGGと略)』は、いくつかのゲームのスカラーシップを運用し、投資をした上でスカラーに対してアセットを貸し付けたり、プレイ代行を斡旋し、ゲームで得られるトークンから利子の徴収をしています。

YGGはDAO(Decentralized Autonomous Organization、自立分散型組織と訳する)であり、ガバナンストークンによって意志決定が行われていますが、その組織運用の詳細についてはゲーム本編とは関係ないので割愛します。

ギルドによる仲介を利用した場合、マネージャーがゲーム用アカウントを貸し出し、スカラーがこれを使ってプレイをする点に変わりはないですが、獲得したトークンをマネージャー、スカラー、ギルドの三者で分配することになります。喩えるなら、地主と小作人および農協という構図です。

冒頭で、フィリピンを始めとした新興国で収入源として人気があると記載したのは、このギルドによる「デジタル労働」の斡旋効果が大きいためです。高価なアクシー購入をすることなく、プレイ代行のみでトークンの分配を受けられることは魅力で、SLPの価格も現地の生活費の水準を考えると、充分に仕事としての選択肢に入るといえます。

また、このギルドやスカラーシップの拡大は他のブロックチェーン・ゲームにも影響を及ぼしており、これらへの対応を表明するゲームも増えています。

■ゲーム外のエコシステム

『Axie Infinity』はゲームではありますが、費用の回収を前提にアクシーを購入し、アクシー選びを丹念に行う時間や、有料ブログ記事をもとに攻略することも含めて、プレイヤーは長期的視野に立った投資行動をとっているといえます。

開発運営側の視点に立つと、ゲーム進行にとても時間がかかる仕様や、先述のエナジー制限といったゲームルールそのものが、サービスから排出される日ごとのトークン量を抑制するためにチューニングされていることがわかります。繁殖システムでトークンをゲームシステム側へ回収し、繁殖にて生み出されたアクシーも、卵の状態で5日間かかることや、ユーザーが出品したアクシーは売れるまでマーケットプレイスに留め置かれるため、需給バランスがコントロールされているともいえます。

サービスからトークンが排出されることを「Mint（ミント、貨幣を鋳造する意味）」と呼び、サービスにトークンが回収されることを「Burn（バーン、焼却する意味）」と呼びますが、SLP価格が下がっているのは「Mint＞Burn」となっているからです。

かたやAXS価格が上がっているのは、ガバメントトークンとしてステークされている都合上、容易に売却されることがないからだと考えられます。

ゲームの外側の要素も含めてトークンやアセットの出入りがあらためて明確になると、マーケットプレイスのDashboardでの取引高に示される活発な取引状況も理解できます。売却可能なトークンの獲得を大きなモチベーションとしながら、繁殖を中心としたアセット市場によってトークンの価値を一層高め、そこへ多くのプレイ

Axie Infinity 模式図

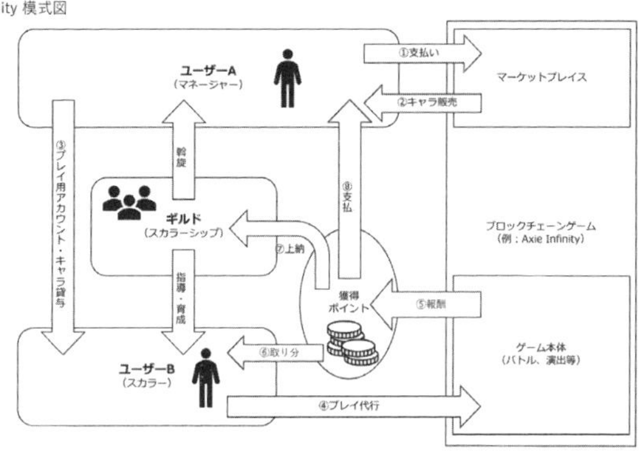

ヤーを参加させる流れが設計されているからです。

ガバメントトークンによる運営参加やスカラーシップという、本来ゲームシステムの外側にあるプレイヤーの存在そのものをも組み込んだエコシステムが、『Axie Infinity』の「Play to Earn」を成立させていると言ってよいでしょう。

■『Axie Infinity』を構成する11の要素

整理すると、『Axie Infinity』を構成する要素は次のようにシンプルに考えることができます。

⑴ 販売物はアセット（アクシー）とトークン（SLP、AXS）。

⑵ プレイ開始時に初期費用が多く必要。

⑶ プレイ結果によるトークンの排出（Mint）から貯蓄に回るまでは相応のプレイ時間がかかる。

⑷ アセットの生成時に大きくトークンを回収（Burn）する。

⑸ アセットがユーザーからユーザーへ移動する際に手数料を徴収する。

⑹ 上記を最大化するために、アセットに様々な要素を持たせ、それを活用するゲームシステムがデザインされている。

また、その外側でエコシステムを成立させるために次のことが行われています。

⑺ 独自チェーンを実装し、ETHのガス代の影響を小さくする。

⑻ ユーザー間取引が行われるよう、マーケット機能を提供する。

⑼ トークンをガバメントトークンとして運用し、ゲームの外に出してステーキングさせる等の運営に関わる使途を用意する。

⑽ ウォレットとゲーム用アカウントを一体にせず、ウォレットの紐付け先を替えられるようにする。

⑾ スカラーシップを認め、ユーザー拡大とマーケット活性化に役立てる。

もし『Axie Infinity』の「クローンゲーム」を企図する場合、これらの実装や顧客への提供が、国内の法制や商習慣でどのように扱われるかを検討することになります。

■「Axieクローン」やそれをとりまくエコシステムを企画する際の留意点

ここまで『Axie Infinity』における「Play-to-Earn」モデルがどのような要素で成立しているかを解説してきました。ここからは、それぞれの要素を国内事業者が企画開発する際に、そもそもそれが可能なのか、翻案するにしてもどのような点に留意すべきかを、本書の参照すべき項目とともに記していきます。

■トークンについて

SLPやAXSのようなETH（WETH）と交換できるトークンは、国内事業者が発行するにあたっては資金決済法上の2号暗号資産に該当すると考えられます。このため、現金で直接これらトークンを販売することは金融庁の許認可を受けた暗号資産交換業者でなければできません。また、仮想通貨取引所に新しい暗号資産を上場させるには一定のハードルがあります。

現状でも、BINANCEやUniswapにおいて日本円で直接SLPやAXSを購入することはできませんので、国内居住者を顧客とするのであれば、トークンを現金で直接購入できないことをもって『Axie Infinity』より著しく導入の体験が貧しいものになることは無いと思われます。

それでも直接何らかのポイントを販売したい場合は、自家発行型の前払式支払手段である有料ポイントを資金決済法に基づいて顧客へ提供し、その上で、ブロックチェーンを使用していることを技術的な優位性として喧伝したいのであれば、内部ではプライベートチェーン（独自チェーン）のトークンとして実装するということが考えられます。いずれにしても、前払式支払手段である以上、資金決済法を遵守した運用が求められます。

身も蓋もない話ですが、この用途であれば有料ポイントの実装はブロックチェーンを用いずに、Webサーバーとデータベースサーバーの組み合わせで行うことが一般的です。IT業界内の知見も蓄積されていますし、セキュリティ策も含めて実装できるプログラマーも多く存在します。

しかし当然ながら、これでは『Axie Infinity』と同等の機能や、暗号資産との交換を提供することはできません。

ならびに、自家発行型の前払式支払手段として実装した場合、有料ポイントを顧客が購入するにあたって、おまけとしてアイテム配付や購入時の割り増し（ボーナス）などを行う施策をする場合は、景品表示法に照らして企画する必要がありますので、ご注意ください。

■アセットについて

ブロックチェーンゲームにおいて、アセットはNFTとなります。それがキャラクターのグラフィックでも、アイテムのグラフィックでも変わりません。第5章で説明されていますが、NFTはその性質からすなわち暗号資産であるとは解釈されませんので、仮想通貨取引所でなくても販売することができます。

NFTを販売する場合、ユーザーに暗号資産取引所の口座を開くことや、ウォレットの扱いとNFTの仕組みに習熟してもらう必要があります。

このハードルの高さがゲームからの離脱を招いてしまうため、慣れ親しんだソーシャルゲームのフォーマットとして、無料でプレイを開始できるようにし、次第に有料サービスやゲームアイテム購入を促す方法をとることになるかと思います。

ウォレットやNFTがゲーム企業にとってもユーザーにとっても

煩わしいという前提に立つと、無料でプレイしていたユーザーが支払いをしようと考えた瞬間に、複雑さから離脱してしまうことがありうるため、やはり先述したように自家発行型の前払式支払手段である有料ポイントを導入するという結論に至ると考えられます。

その場合、有料ポイントで購入したゲームアイテムを、ユーザーが任意でNFT化できる仕組みを実装し「ウォレットに格納してマーケットに出品したり、他プレイヤーに移転できるようにユーザーが希望した際に、初めて変換費用としてETHが必要になりガス代もかかる」ような企画が求められるでしょう。

これで、前払式支払手段で購入したアイテムをNFTに変換して、ユーザーがマーケットで自由に売買できることになります。また、NFTへの変換に際しては、元のゲーム内データはゲームアイテムを全体で管理するデータベースから抹消する必要はなく、ユーザーからは見えないように非表示にしておき、他プレイヤーの手にわたって再びゲーム内に持ち込まれた際に、再表示すればよいでしょう。

このように翻案すると、トークン購入は自家発行型の前払式支払手段の有料ポイント購入へと代わり、アイテムも従来型のオンラインゲーム同様データベースサーバーに格納された見慣れたデータとなり、ウォレットに接続してETHやNFTを扱うのは、アイテムを暗号資産で売買したい時のみ、となります。

■エコシステムについて

トークンやアセットについて、半ば強引に既存のソーシャルゲームのように翻案しましたが、将来的なブロックチェーンゲームの姿として、非中央集権的な運営、あるいはダイナミックなユーザー活動によるエコシステムの実現に理想を描き、数々の事情を突き動かすことができるのであれば、Roninネットワークが『Axie Infinity』で用いられているように、独自のブロックチェーンネットワークを開発し、実装していくことは大変有効だと考えられます。

この場合、選択肢として自ら開発する道もありつつ、既存のコンソーシアムチェーン、プライベートチェーンを利用することもできます。日本国内では『Palette（NFTに特化したコンソーシアムチェーン）』や『LINE Blockchain（プライベートチェーン）』などはコンテンツ事例がすでにあり、検討の視野に入ってくるのではないかと思われます。

その先に、AXSのようなガバメントトークンの発行やステーキングの実施がありますが、開発したブロックチェーンゲームがどのような姿をしているかによって、留意する点が変わります。

もし、独自のトークンやそれと交換されるNFTが、最終的にETHなどの暗号資産を経て仮想通貨取引所で日本円として取り出せるとなった場合、ステーキング（ステーキングではなくレンディングをしようというアイディアが出るかもしれません）に用いているトークンは金融証券と解釈できるのではないか、という点なども検討が必要になるかもしれません。

■ガチャ方式の販売について

『Axie Infinity』にはルートボックス方式も含めて「ガチャ」の要素は皆無です。初期導入においても、マーケットプレイスに並んでいるアクシーをプレイヤー自ら選択して購入しているからです。買う前に情報を調べずに、買った後になってからアクシーの性能の気づくというのはランダム販売での購入とは呼びません。

そして、バトル中に運が絡む部分は、アクシーのAbilitiesのカードを束ねた山から、毎ラウンドの攻撃カードが引かれる際などに限られ、これは購入には関わりません。

もしこれらの仕様を模倣するのではなく、『NBA Top Shot』や玩具店で販売しているトレーディングカードゲームの「パック」のように、ユーザーからでは中味のわからない状態で販売し、購入後に偶然性をもってキャラクターやアイテムを入手できるようにした場合、国内では刑法賭博罪に抵触する恐れがあります。これについては第6章を参照してください。

キャラクターやカード状のNFTをガチャ方式で販売したい場合は、提供割合が少なく、性能に著しく違いがあるものをレアと設定して販売するのは、当然に問題があると言わざるを得ません。

また、購入ごとにパラメータやグラフィックが都度ランダムで生成される場合も、「すべてのNFTアイテムが同じ提供割合のガチャ」と解釈した場合、著しく性能の高いもの、あるいはその逆のものが提供される可能性がある場合も、ゲームシステム側でそういった差異が発生しないよう考慮する必要があるでしょう。

これについても第6章を参照してください。

■アプリのディストリビューションについて

ブラウザに機能拡張をインストールしたり、ゲームやマーケットのサイトを行ったり来たりすることになったり、ブロックチェーンゲームではウォレットの取り扱いや導入が煩雑になることから、iOSやAndroidのネイティブアプリとしてゲームやマーケットサービスをウォレットごと一体化したいというアイディアも出るかと思います。その際は、必ず最新のデベロッパー規約をご確認ください。

例えば、本書の執筆時点でiOSを提供しているApple社は「3.1.5 暗号通貨」の項目で、下記のような取り決めをしています。こういったことに抵触していると解釈されると、デベロッパーアカウントを停止される事態となります。

> 3.1.5 暗号通貨：
> (i) ウォレット：組織として登録しているデベロッパに限り、Appで仮想通貨ストレージを提供することが許可されます。
> (ii) マイニング：処理がデバイスの外部で実行されるもの（ク

ラウドベースのマイニングなど）でない限り、Appで暗号通貨をマイニングすることはできません。

(iii) 取引：取引所が直接提供する場合に限り、Appで、承認された暗号通貨の売買や送金を行うことができます。

(iv) イニシャルコインオファリング：イニシャルコインオファリング（ICO）、暗号通貨の先物取引、その他の暗号証券や準証券による取引を行うAppは、既存の銀行、証券会社、先物取引業者（FCM）、またはその他の承認された金融機関のみ提供することができます。またそうしたAppは、適用されるすべての法令に準拠している必要があります。

(v) 暗号通貨のAppでは、他のAppをダウンロードする、他のユーザーにダウンロードを促す、ソーシャルネットワークに投稿するといったタスクの実行に対して通貨を提供することはできません。

（引用元：Apple社　デベロッパー規約[3]）

同様に、インストールするタイプのPCゲームを開発したい場合も、どのように流通させるかの検討は慎重にする必要があります。例えば2021年末の時点では、PCゲームの大手プラットフォーマーであるEpic社の『Epic Store』ではNFTゲームの配信は可能ですが、Valve社の『Steam』ではNFTゲームの掲載を認めていません。

■利用規約やガイドラインの作成

利用規約にも、ブロックチェーン・ゲーム特有の事項の記載が必要になります。こちらは第４章の「利用規約への記載」を参照し、免責事項の明示についても、免責であると書いておけば何でも事業者が責任を免れるというものではありませんので、消費者契約法に

3）https://developer.apple.com/jp/app-store/review/guidelines/

照らしての利用規約の作成をお願いいたします。

利用規約は文面が難しく、ユーザーから読まれないということを考えて、ユーザー向けにプレイにおけるガイドラインや事例集を充実させ、ゲーム開始時においては丁寧なチュートリアル画面を作成することが良いでしょう。

とりわけ、ウォレットは既存の他社製品を扱うわけですから、余計な箇所をクリックしたことで不安が起こるなどがないよう、考え得る画面遷移やケースごとの図解をすることは重要です。

そのほか、ホワイトペーパーとともに今後このゲームがどのようにアップデートされていくのかといったロードマップの提示も顧客満足や安心安全のために不可欠といえます。

■不当表示、誇大広告を防ぐ

最近ではメディアの理解も進み、NFTの購入にあたって「所有権が得られる」「資産になる」という曖昧な表現をされることは減りましたが、ブロックチェーンの利点を強調するあまり、不当

図表2-17

表示や誇大広告にならないように留意する必要があります。NFTアートの過熱ぶりが記憶に新しいですが、今後「Play-to-Earn」や「GameFi」という言葉が一人歩きすることで、ブロックチェーンゲームに対して投機のイメージでやってくるユーザーも増えるものと思われます。

どのような表現が適切で、ブロックチェーンゲームの魅力を最大限に伝えられるかについては、景品表示法に抵触しないようにするのはもちろんのこと、告知対象となるユーザーコミュニティのリテラシーや、メディアの理解度を計っての展開を心がけましょう。

■今後国内でどのようなブロックチェーンゲームが求められるか

さて、ここまで『Axie Infinity』を叩き台として、国内法への対応や、既存のソーシャルゲームが辿った道筋、ユーザーを離脱させないための配慮などを枠組みとして、ブロックチェーンゲームを企図するケースを記載しました。

本来であれば、ブロックチェーンゲームへの理解と将来性、ゲームでユーザーを楽しませたいというエンターテインメント、それらにつきまとうビジネス……。これらにおいて理想を叶えようという狂気にも似た熱意がまずあって、そこから生まれる新たなアイディアを形にする際に、法と摺り合わせなければならないポイントに初めて気づく、という順序が一般的かもしれません。

しかしながら、ブロックチェーンの専門家はゲームに詳しいとは限りませんし、ゲームを何作も企画してきたプランナーが法律に詳しいとは限りません。

本稿で紹介した『Axie Infinty』や日本式ソーシャルゲームに寄り添った想定パターンから、摺り合わせポイントがどこであるのかの気づきにつながり、これから企画されていく数多のブロックチェーンゲームがその歩みにおいて足踏みすることなく発展することを願っています。

従来型のオンラインゲーム、とりわけ上記で紹介したゲームの素地となっているブラウザゲームやスマホゲーム分野では、アートやゲームシステムにおいて高いクオリティが求められており、競争過多の市場となっています。

ブロックチェーンゲームではNFT売買が着目されがちですが、ユーザーの視点では「ゲーム部分は面白くてあたりまえ、そこにNFT取引の楽しみがプラスされる」ものが望まれているといえるでしょう。

また、NFTの取引が成立するためには「それが何であるか」について、売り手、買い手のどちらも明確に理解している必要があります。

ゲームパラメータの仕様をメタデータとしてある程度揃えようという試みも、いくつかのゲームでなされています。複雑なゲーム内のパラメータはブロックチェーンで頻繁に書き換えるコストが高く、クオリティの高い画像や音声データは分散型ストレージに載りきらず、アップデートにより大きく変化していくゲームプログラム本体はスマートコントラクトにしづらいという点は、引き続きブロックチェーンゲームでのプレイ体験を最大化していくための課題です。

そして、これら複雑な仕組みの理解や、NFT、ウォレットの取扱いもまだまだビギナーには難しいものといえ、利用環境面での安心安全に向けての取組みも急務といえます。

(3) ブロックチェーンゲームと従来型のオンラインゲームの違い

ブロックチェーンゲームと従来型のオンラインゲームの大きな違いは、従来型のゲームにおいてはゲーム内にアイテム等についての情報がすべて置かれているのに対して、ブロックチェーンゲームの場合にはアイテム等の取引可能にするものについてトークンとして管理するようになります。そのため、誰かが承認をしてゲームアイテムが移動するのではなく、ゲームの記録自体がやり取りまたは移動するようになります。

特にゲーム内だけでなく、同一ゲーム事業者内の複数のゲーム間での取引や、事業者をまたいでの取引、ゲーム事業者の管理していない市場での取引等も可能とすることができます。従来型のオンラインゲームが基本的にアイテム取引を禁止する[4]、もしくは、ゲーム内に閉じた流通しかできなかったことを考えると、新たなゲーム性が生まれることが期待されているところとなります。

具体的に、ブロックチェーンゲームと従来型オンラインゲームを比較・整理すると、**図表2-18**のように整理することができます。

①と②は、アイテム等がゲーム事業者を越えて取引ができるかどうかという視点で分かれています。これは、同一事業者内であれば、アイテム等の管理は当該事業者の中で完結するが、事業者を越えて取引される場合、アイテム等を発行した事業者の想定しない利用が、別の事業者で行われることが起きうるため、それによってブロックチェーンゲームとして解釈が異なるのではないかという視点から整理しているものです。

前述したように、DAppsとしてゲームAのアイテムがゲームBでも使えるようにすることはできますが、どのように変換されるかは事業者に任されるため、同じ事業者内で取引する際とは異な

4）一般社団法人コンピュータエンターテインメント協会「リアルマネートレード対策ガイドライン」、一般社団法人日本オンラインゲーム協会「オンラインゲーム安心安全宣言」など。

図表2-18　ブロックチェーンゲームと従来型オンラインゲームの比較

	1．ブロックチェーンゲーム		2．従来型オンラインゲーム
	①ゲームを越えた外部取引が可能	②個別ゲーム内のみで取引が可能	
アイテム等の性質	（ゲーム/事業者を越えた）アイテム等がユーザー間で流通することを前提としてデザイン	（同一のゲーム/事業者内に限り）アイテム等がユーザー間で流通することを前提としてデザイン	アイテム等のユーザー間での流通はゲームデザインによって異なるが、通常、ユーザー間でのアイテムの取引は行わない
アイテム等の利用可能範囲	アイテム等がゲーム／事業者を越えて流通し、かつ、それを利用できるようにすることが可能	アイテム等が同一のゲーム／事業者内に限り流通し、利用することが可能	アイテム等が同一のゲーム／事業者内に限り流通し、利用することが可能

ることになると考えられます。そのため、このように整理しています。

4　ブロックチェーンゲームならではの運営課題 ——ゲーム内の「価値」と消費者保護

ブロックチェーンゲームには、他の章で解説するNFTに関連した法制や法解釈に則るべき箇所以外にも、運営に配慮しなければならない課題がいくつかあります。

一般的にオンラインゲームは、運営期間に応じ、ゲームルールやシステムがアップデートされていきます。その際に、ゲーム内で使用しているキャラクターやアイテムの性能が変化したり、置き換わったり、新しく実装されたシステムやルールへの対応をしなければならないことがあります。

アップデートにまつわる変化の顕著な例に、ゲームユーザーにポピュラーなスラングである「ナーフ（Nerf）」があります。ユーザーがゲーム内で使用するキャラクターやアイテムの性能が、アップデートに伴う調整で弱体化や下方修正されることを意味します（**図表2-19**）。

FPS（First Person Shootingの略、一人称視点の銃撃戦ゲーム）のアップデート時に下方修正で銃が弱くなり、「ナーフ（スポンジ弾を発射する著名な銃型玩具の名称）」のようにされてしまった、というのが言葉の由来です。

図表2-19　アイテム性能のナーフ

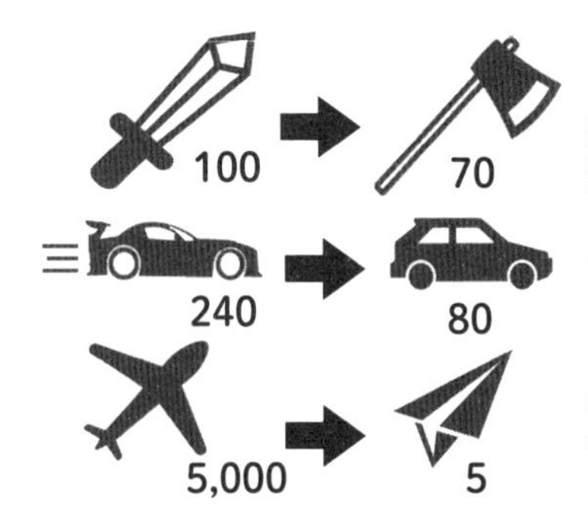

ナーフ（弱体化）

左図にイメージされるように、強いキャラクターがルールやバランスの調整のもと、弱くなったり数値が下がったりすること。
これによりアイテム等の価値が相対的に下がったと考えられる場合がある。

暗号資産で購入したNFTが、遊んでいるうちに運営によるアップデートでナーフされた、となった場合、ユーザーからのレピュテーション（評判）は下がる恐れがあります。それどころか、NFTをユーザーの「資産」であるという建て付けで運営している場合、事業者自らがユーザーの資産の価値を毀損したということになりかねません。

特に「プレセール」と呼ばれる、ゲームサービス開始前のユーザーから見てそのアイテムがどう役に立つのかわからない状態でのNFT販売は、クラウドファンディング的な側面があるとはいえ、慎重を期してしすぎることはないでしょう。

入手した時点から現時点までの期間を勘案して減価償却されるといったあり方であればよいのですが、デジタルデータに経年劣化はありませんので、どのユーザーも納得できる実装をするのは難しいといえます。

従来型のオンラインゲームは、キャラクターやアイテムといったデータの利用権をユーザーに付与しているという位置づけで運営されており、善意の幅はありつつ、事業者がアップデートの裁量を握っています。

かたやユーザーにNFTの「所有権」があると謳っているブロックチェーンゲームでは、ゲームルールの改変によって「あなたが今持っているNFTは、このアップデート以降、役立たずになります」とユーザーを突き放してしまうことは難しいと考えられます。

非中央集権的な哲学で生まれたブロックチェーンゲームが、サービス運用のために、事業者に中央集権的な振る舞いをさせるというのはいささかパラドックスじみていますが、事業者と消費者という構図がある以上は、消費者保護のために充分な配慮が不可避といえます。

こういった課題を解決するために、事業者はゲームバランスや新しく追加するキャラクターやアイテムの性能設定に腐心することになります。ゲームの仕様としてゲーム内の非NFTアイテムを、任意のタイミングでNFT化できるゲームも存在します。ゲーム内アイテムの変化を、ユーザーのゲーム内行動の積重ねやある程度の運の要素を許容しつつNFT化する前に済ませてしまい、納得のいく状態になってから始めてNFTに変換するということで、単純な購入以上の意味づけや愛着、あるいは納得感の醸成を行っているといえます。

そのほか、ユーザーアンケートや投票で今後のアップデートについて民主的に向き合うこともあれば、票を投じる権利そのものを「ガバナンストークン」としてブロックチェーンで実装し、DAO（分散型自立組織）による運営を目指しているゲームもあるなど、「ゲーム内外の価値」をどうやってユーザーと共有していくかについて、今後の発展が期待されます。

図表2-20　様々な運営活動

企画・運用 アップデート開発	コミュニティ運営 カスタマーサポート	法律の遵守
絵・音素材追加	情報公開	資金決済法
パラメータ設定 バランス調整	ブログ・SNS 運用	景品表示法
OS／ブラウザ 対応	クレーム対応	消費者契約法
ハードウェア メンテナンス	プレイマナー 啓蒙	金融商品取引法

そして、従来型オンラインゲームサービスと同様に、2022年6月1日に改正法が施行される「特定商取引法」への対応も欠かせません。特商法に基づく表示をサービスサイト等で明確に行うだけでなく、NFT購入時の確認画面でも、利用者の誤解がないよ

うに表示を行う必要があります。

さらに、ゲームの開発時にはあまり考えたくないことかもしれませんが、サービス終了時のNFTの取扱いにも留意が必要です。従来型オンラインゲームのサービスが終了する際は、資金決済法に従い、ユーザーが購入したまま未使用となっている有料ポイント（前払式支払手段）の払戻しをゲーム事業者は行い、そのことを適切に公知する必要があります。

ブロックチェーンゲームでは、NFTを購入するための暗号資産はユーザーのウォレットに保持されるのが一般的な実装なので、暗号資産を払い戻すことは発生しませんが、サービス終了に伴うNFTに関しては、取扱いに留意すべきポイントがあります。こういった消費者保護について、利用規約のあり方も含めて、第4章で解説をしています。

5　ブロックチェーンゲーム市場の拡大を見据えたユーザー体験を

ブロックチェーンゲームは国内において、まだ大規模な市場を形成するには至っておらず、各社の売上やユーザー数等の客観的なデータは揃っていないのが現状です。

しかしながら報道によると、米投資銀行ジェフリーズの予測では、2025年にNFT市場規模は800億ドル（約9兆円）まで拡大するとされています。

今後ブロックチェーンゲームが市場で存在感を増すためには、暗号資産（仮想通貨）利用の拡大とともに、現段階ではやや難しいウォレットのユーザー体験を最大化し、魅力的なゲームコンテンツが誕生したときに、障壁なく利用が促進される必要があります。

また、イーサリアムをベースとしたスマートコントラクトを稼働させるにあたって、避けることのできない「ガス代」は、時期によって大きく上下することからユーザーのNFT購入や取引・移動の体験を損ねていると考えられます。イーサリアム自体のアップデート、PoWからPoS（Proof of Stake、演算への貢献ではなくトークン保有量に応じたコンセンサス・アルゴリズム）への移行などによって抜本的な変化が求められているといえます。

これまでブロックチェーンゲームの特徴やその利点、面白さについて解説してきましたが、ブロックチェーン技術の持つポテンシャルをNFTの売買以外に最大限に活用したゲームがあるかどうかというと、寡聞にしてその存在を知りません。

従来型オンラインゲームのビジネスモデルとして手堅い売上創出方法に「運営ドリブン」や「ガチャ（ランダム型アイテム販売)」があります。

前者の運営ドリブンは、ある期間内にイベントやキャンペーンを展開して関連アイテム等の売上を伸ばしていくものですが、新しいアイテムやゲームルールのアップデートは、前述したとおり過去に発行したNFTの価値を保ち続けることと相性が良いとはいえません。

そして後者のランダム型アイテム販売も、ことNFTに対しては第6章で解説するデリケートな問題が発生すると考えられ、これも相性が良くありません。

従来型オンラインゲームの文脈をなぞるのではなく、将来的にブロックチェーンゲーム「ならでは」のアイディアで新たな娯楽が誕生することは予想に難くないとはいえ、こと日本国内においては、各種権利、関連法、そして懸念点をブロックチェーン技術だけでなく、それに付随するシステムや運営行為とともに解決していけるのかどうかが、今後問われていくことになるでしょう。

参考事例 相次ぐNFTマーケット事業への参入

NFTはブロックチェーンゲームのアイテムとしてだけでなく、CGアートやコレクション目的のデジタルカード等の用途でも拡がりを見せています。

NFT取引のマーケットサービスとして、世界的にOpenSeaが利用されており、2021年３月の売上高が約１億5,000万ドルとなったほか、７月には１億ドル（当時で約100億円）の資金調達をしたことで話題となりました。

こういった海外NFT市場の景気を受ける形で、国内では2021年に入って仮想通貨取引所の関連企業やEコマース企業をはじめとし、NFTマーケット事業への参入が相次いでいます。

参入にはいくつかの要因が考えられ、１つには国内NFT市場そのものの拡大を目的としたもので、エンドユーザーにとって利用ハードルの高いOpenSeaではなく、用途に合わせた使いやすいドメスティックなサービスが求められていることがあります。

もう１つには、ブロックチェーンゲームで広く使われるイーサリアムでは、ガス代が取引のハードルを上げていることから、既存のEC等サービス会員を囲い込んだ上で、プライベートチェーンやコンソーシアムチェーンで取引を済ませ、最適化と流動性を高めようという理由です。

暗号資産でNFTを購入するのではなく、クレジットカードなど日本円で決済をし、サイトのシステムを経由してNFTをエンドユーザーのウォレットに付与するというサービスも見受けられます。こういった方式において、流通するトークンが「２号暗号資産」と解釈できる場合はサービス企業が暗号資産交換業者である必要がありますが、そうでなくとも資金決済法の遵守やAML（マネーロンダリング対策）の徹底が強く求められます。

■国内新興NFTマーケット事例

下記は、本稿執筆時点ですでにサービスが開始されていたり、参入が表明されていたりするNFTマーケット事業をピックアップしたものです。そのほかNFTマーケットを構成する関連技術も付記しています。なお、サービス内容等は各サイト、プレスリリースなどをもとに作成しています。サービスが開始されていても「β版」の状態というものも含みます。

■仮想通貨取引サービス関連

Coincheck NFT

事業者：CoinCheck
サービス時期：2021年3月
内容：NFTと暗号資産の交換取引
特徴：オフチェーンのNFTマーケットプレイス
関連仮想通貨取引サービス：Coincheck

Adam byGMO

事業者：GMOアダム株式会社
サービス時期：2021年8月
内容：NFTの出品、購入
特徴：著名クリエイターのNFTを準備
関連仮想通貨取引サービス：GMOコイン

LINE NFT

事業者：LVC株式会社
サービス時期：2022年4月
内容：NFTの購入（一次販売）及びユーザー間取引（二次流通）
特徴：NFTの購入、ユーザー間取引を日本円決済で可能
関連仮想通貨取引サービス：LINE BITMAX

Rakuten NFT

事業者：楽天グループ株式会社

サービス時期：2022年2月

内容：マーケットプレイス、NFTの売買、販売サイト構築

特徴：楽天IDや楽天ポイントが使用可能、楽天グループの他サービスとの連携

関連仮想通貨取引サービス：楽天ウォレット

■EC企業、コンテンツ企業関連

メルコイン

事業者：株式会社メルコイン

サービス時期：2022年予定

内容：NFTを活用した価値の流通

特徴：メルカリの売上をビットコインで受け取る機能やメルペイとの連携機能を提供（予定）

関連企業：株式会社メルカリ

NFTStudio

事業者：CryptoGames株式会社

サービス時期：2021年3月

内容：クリエイター、イラストレーター向けNFTアートのマーケットプレイス

特徴：「LINE Blockchain」（後述）を採用

ユニマ

事業者：株式会社ビットファクトリー

サービス時期：2021年夏

内容：トークン生成、オークション形式での販売プラットフォーム。

特徴：日本円での決済

関連企業：株式会社モバイルファクトリー

HABET

事業者：FORO株式会社

サービス時期：2021年夏

内容：デジタルトレーディングカードのマーケットプレイス、定額販売、抽選販売、オークション販売

特徴：デジタルトレーディングカードの発行、売買、閲覧。多ジャンルにわたるコンテンツパートナー

関連企業；UUUM株式会社、株式会社IndieSquare

The NFT Records

事業者：株式会社クレイオ

サービス名：2021年夏

内容：NFTの販売及びマーケットプレイスの企画・運営

特徴：「A trust」（後述）を採用

関連企業；アエリア株式会社

ヤフオク

事業者：ヤフー株式会社

サービス時期：既存サービス

内容：NFT取引機能を実装予定

特徴：「LINE Blockchain」（後述）を採用

関連企業：Zホールディングス株式会社、LINE株式会社

■その他NFTマーケット関連技術

Startrail

開発企業：スタートバーン株式会社

内容：NFTの流通・評価インフラ

特徴：アートの売買・贈与・展示・保管・修復に伴う真正性と信用性の担保

ハッシュパレット

開発企業：株式会社Hashpalette

内容：コンソーシアムチェーンによるコンセンサスノード
特徴：デジタルコンテンツを発行・管理・流通するためのブロックチェーンネットワーク

A trust
開発企業：エイベックス・テクノロジーズ株式会社
内容：デジタルコンテンツに対する証明書サービス
特徴：デジタルコンテンツの提供・流通・版権管理・改竄防止。デジタル以外のアナログ分野への応用

JPYCoin
開発企業：JPYC株式会社
内容：ERC20を用いた日本円ステーブルコイン
特徴：前払式支払手段（自家発行型）で、1号、2号暗号資産のどちらでもない

LINE Blockchain
開発企業：LVC株式会社、LINE TECH PLUS PTE. LTD.
内容：ブロックチェーンのメインネットワーク提供
特徴：インセンティブ設計を始めとしたトークンエコノミーの実現

参考事例 LINEが取り組むブロックチェーンプラットフォーム事業

■ブロックチェーンゲームの提供主体の多様化と事業者の課題

現状、ブロックチェーンゲームにおいては様々なプラットフォームが使用されています。イーサリアムのような特定の管理者がいない「パブリックチェーン」と呼ばれる代表的なものから、複数の企業などが共同で運営する「コンソーシアムチェーン」、更には特定の管理者が提供する「プライベートチェーン」が存在しています。

パブリックチェーンは不特定多数のノードが参加できることから分散性が高まる反面、処理速度が遅くなってしまうことが特徴とし

て挙げられます。反対に、プライベートチェーンでは分散性が低い分処理速度が高まります。

どのプラットフォームを使用するかは、制作者であるゲーム事業者には大きな影響を及ぼします。パブリックチェーンにせよ、プライベートチェーンにせよ、ブロックチェーンの要素をゲーム内に取り入れることは決して簡単ではなく、その開発コストの大きさは無視できるものではありません。そのため、ブロックチェーン技術の実装とゲーム性の両立はゲーム事業者にとって高いハードルとなっています。

そこで、こうした課題の克服に向けて、事業者がより面白いブロックチェーンゲームを開発しやすい環境づくりに取り組む事例をご紹介します。

■LINEが取り組むブロックチェーンプラットフォーム事業

国内主要SNSの１つである「LINE」を提供するLINE株式会社は、子会社である「LVC株式会社」を通じ、サービスの一環としてブロックチェーン事業や暗号資産事業を提供しています。この事業において、プライベートチェーンである「LINE Blockchain」を活用したブロックチェーンプラットフォームが展開されています。

このプラットフォーム上では、ブロックチェーンゲーム事業を始める際の高いハードルを克服するため、様々なツールが提供されています。そして実際にサードパーティー企業によるブロックチェーンゲームが、このプラットフォームを通じてリリースされています。

■「LINE Blockchain」プラットフォームの特徴

「LINE Blockchain」プラットフォームには以下の特徴があります。

①「LINE Blockchain Developers」

「LINE Blockchain Developers」は、ブロックチェーン機能を

使用するために必要なコンソールとAPIを提供する開発プラットフォームです。これらによって企業は、独自トークンの発行やゲーム内資産のトークン化、取引履歴の記録や透明性の確保などができるようになります。

②「LINE BITMAX Wallet」

「LINE BITMAX Wallet」は、LINE Blockchain上のサービス内で流通するすべてのデジタルアセットを管理する統合ウォレットです。ユーザーはLINEアカウントと紐づく形で簡単にウォレットを作成することができ、自分のデジタルアセットの管理や友達へのトークン送付なども可能になります。

③「LINK Rewards Program」

LINEでは、企業が自社サービスに貢献したユーザーに対して、LINEの独自暗号資産「LINK」に転換可能な「LINKリワード」を付与できる「LINK Rewards Program」を進めています。企業はコンテンツ活性化に貢献したユーザーにインセンティブを供給することで、更なる活性化につなげることもできます。また、ユーザーが受け取った「LINKリワード」はLINEの独自暗号資産「LINK」に転換したのち、暗号資産取引サービス「LINE BITMAX」を経由して日本円に換金することも可能です。

④「LINEトークンエコノミー」

ブロックチェーンゲーム事業者は、これら「LINE Blockchain Developers」　や「LINE BITMAX Wallet」、「LINK Rewards Program」を活用することで、サービス横断的なエコシステムである「LINEトークンエコノミー」に参画することもできます。ゲーム内でのミッションクリアやリワードによるLINK獲得、そのLINKを利用したアイテムの購入、さらにはサービスの垣根を超えてユーザー同士がLINKやその他トークンを交換することなどによって、ユーザーとゲームコンテンツが結びつきを強め、ゲーム業界全体の活性化を図っていくことも考えられます。

■ おわりに

ゲーム業界におけるブロックチェーンの実装は、複雑さやコストが障壁となり、まだまだ一般化していないのが現状です。ここで紹介したLINEのプラットフォーム事業をはじめ、様々な企業の新しい発想や取組によって、ゲーム業界が更なる成長を遂げると共に、今後ブロックチェーンという新技術が社会に実装されていくことが期待されています。

第3章

NFTと取引の範囲

ブロックチェーンゲームについて考える際には、ブロックチェーンゲームにおいて、どのようなものがNFTにあたり、何を取引しているのかを知った上で、権利関係について理解しておく必要があります。ここではブロックチェーンゲームにおけるNFTの取引について整理します。

1 ブロックチェーンゲームにおけるNFTとは

ブロックチェーンゲームにおけるNFTとは、どのようなものがあるのでしょうか。ブロックチェーンゲーム内で取引される可能性があるものとしては、前章まででも述べたように、ゲーム内の通貨となるもの、ゲーム内におけるアイテムやキャラクターなどが挙げられます。

図表3-1 カスタマイズ性とランダム性を基軸に

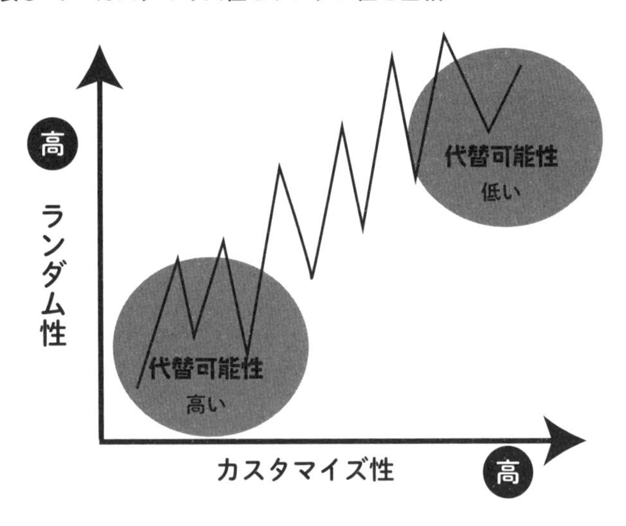

まずゲーム内の通貨については、通貨1つひとつが同じ価値でなければ通貨として利用できません。日本円やアメリカドルを事例として考えてみるとわかりますが、紙幣自体について汚いとか折れているとかなどの違いがあったとしても、どの1万円も同じ価値でないと、ある商品を買うというときに通貨として使えません。それと同様に、ある1コインと別の1コインは代替可能として作られています。そのため、NFTではなく、FT（代替可能なデジタルトークン）となります。

では、アイテムやキャラクターはどうでしょうか。アイテムやキャラクターが参照する情報等がすべて違う、もしくは違う可能性がある場合には、それは価値が異なることになりますので、代替可能ではなく、NFTと言い得ると考えられます。例えば、ランダムでステータスや外見が決まるようなものであったり、ゲームの進行に応じてランダムに成長したりするような場合、代替可能性は低くなります。

第2章で紹介した『クリプトキティーズ』では、同じ両親から生まれた猫であっても、すべて違う仔猫が生まれるようにデザインされています。そのため、珍しい色や柄、また、特性がついた仔猫が生まれた場合、その猫が高い価値で取引されることになりました。まったく同じ仔猫が生まれないことから代替可能性がなく、NFTとして取引されています。

同様にコントラクトサーヴァントの場合は、同じ立ち絵のサーヴァントが生成されたとしても、性質やステータスがすべて異なります。まったく同じサーヴァントが生成されず、そしてユーザーの戦略にあわせて必要なステータスが異なるため、生成されたサーヴァントについては代替可能性がなくなり、NFTとして

図表3-2　具体例

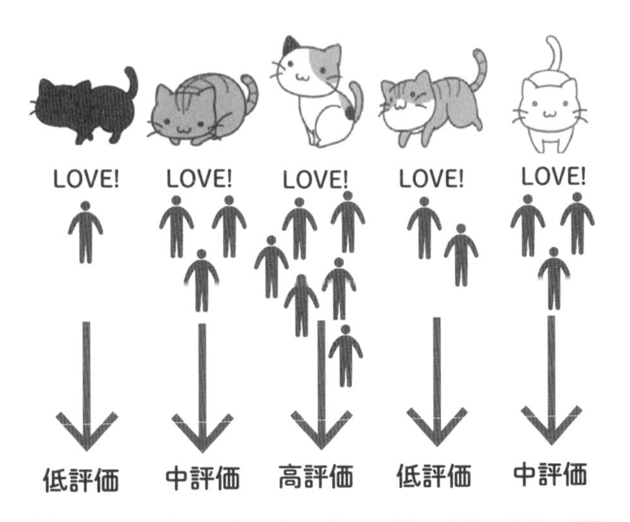

レベル：30

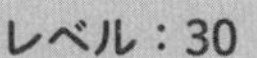

<< 能力 >>
攻撃力：　45
防御力：　35
スピード：　90
特殊攻撃：　50
特殊防御：　35

【Xの視点】
高価値 !!

デッキの構成を踏まえると、特殊攻撃・防御力が低くても、**スピードがあるモンスターを加えたい**なあ……。

「手に入れたい！」

レベル：60

<< 能力 >>
攻撃力：　60
防御力：　45
スピード：　40
特殊攻撃：　85
特殊防御：　60

【Xの視点】
低価値…

取引されることになります。

それでは、すべてのアイテムやキャラクターがNFTといえるのでしょうか。あるブロックチェーンゲームにおいて発行されたアイテムについて、名称や参照する情報等がすべて同じものであった場合（ランダム性、カスタマイズ性がない場合）、当該アイテムがNFTと言い得るかどうかは検討の必要があります。

従来型のオンラインゲームやコンソールゲームでは、同じ名称・同じ性能のアイテムが複数発行されることが多く行われています。ブロックチェーンゲームにおいてもそのようにアイテムを設定した場合、当該アイテムについて、ユーザーの側からは同じものであるという認識がされることになり、ユーザーとしては代

図表3-3　NFTと言いうるか

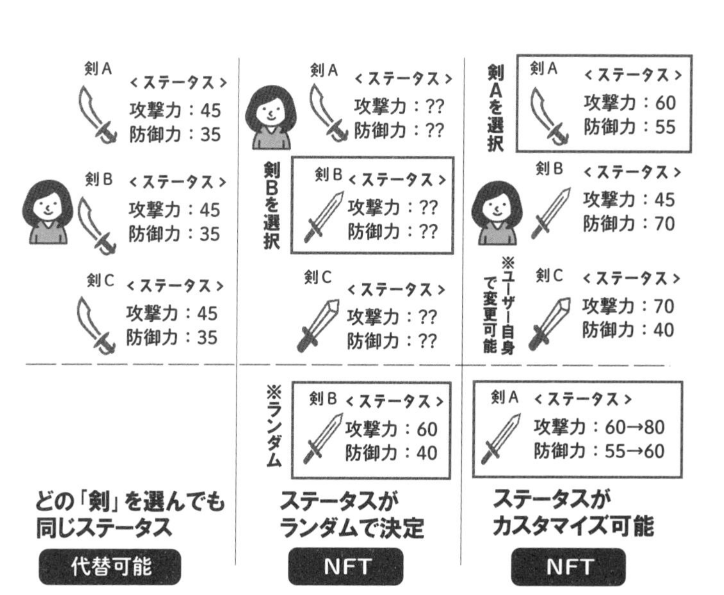

替性があるものとみなすことができます。

なお、ブロックチェーンゲームにおいてアイテムを取引できるように構成している場合、各アイテムがシステム的にはそれぞれ別のブロックチェーンに属するように作られるため、ユーザーにとっては代替性があるように見えたとしても、システム側で各アイテムそれぞれを見間違えた処理が行われることはありません。しかし、NFTかどうかという話をする場合には、そのアイテムがシステム的に代替可能であるか否かではなく、そのアイテムがそれぞれ個々に価値が変わるものであるかどうかに焦点を当てて考えることになります。

もう1点、売買の対象となるものとして、NFTの他にウォレット暗号鍵が考えられます。これはゲーム内におけるプレイヤーのキャラクターやアイテム等を管理するものになりますので、従来のオンラインゲームで言えばアカウントを売買しているものとほぼ同視できます。これについても売買を行うこと自体は可能ですが、ユーザーが売買しているものをきちんと認識しておらずにトラブルとなってしまうことが考えられるため、現時点で運営されているブロックチェーンゲームにおいては禁止、ないしは注意喚起をしているゲームが多いのが実情です。

どうしてトラブルになるのかについては、具体的な取引手段とあわせて、後ほど解説します。

2 NFTの取引手段

ブロックチェーンゲームでは、このNFTであるアイテムやキャラクターなどをユーザー間で取引することを前提としてデザインされています。

では何を媒介として取引をするかですが、イーサリアム(ETC)、ビットコイン（BTC）などの暗号資産を使って取引をする場合と、現金や現金同等物を利用して取引をする場合があります。

① 暗号資産を利用して取引を行う場合

1つ目の事例として、暗号資産を利用して取引を行う場合があります。これについてはイーサリアムのブロックチェーンを利用する場合を例に整理します。

図表3-4 ブロックチェーンゲームにおけるNFTの流れ

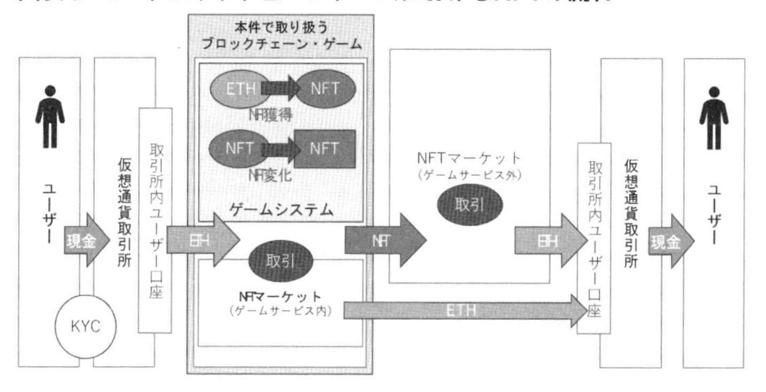

ユーザーはアイテムを取引する際に、仮想通貨取引所で暗号資産（ここではETH）を入手して、当該暗号資産をもとにゲーム内のNFTを取引することになります。他のユーザーとの間で、ゲーム内のアイテム（NFT）を、暗号資産と交換することで、欲しいアイテムを入手できることになります。

このアイテムについては、ゲーム内、もしくはゲーム外に設置されるNFTマーケット（取引市場）を通じて取引をすることができ、このアイテムの取引を行った結果得られたETHに関しては、同様に仮想通貨取引所において現金に変換することが可能となります。

② 現金もしくは前払式支払手段を利用して取引を行う場合

もう1つの事例として、現金もしくは現金同等物を利用する場合を整理します。

図表3-5：現金もしくは現金同等物を利用する場合

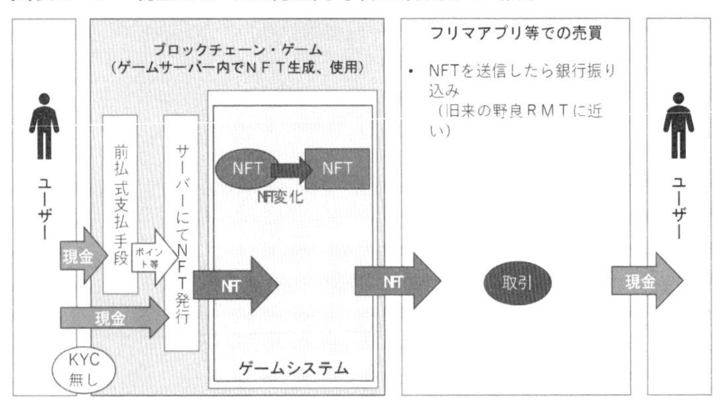

ユーザーはアイテムを取引する際に、現金、もしくは現金を前払式支払手段に変換した上で、その現金もしくは前払式支払手段とゲーム内のNFTを交換することになります。

このアイテムについては、ゲーム内、もしくはゲーム外に設置される取引市場を通じて、現金で取引をすることができますので、そこで現金に変換することが可能となります。

①と②では、取引に際して暗号資産を媒介として利用するかどうかが異なる点となります。

これによる違いとして、暗号資産を介する場合、比較的取引の際に詐欺が起こりにくくなるという点が挙げられます。暗号資産の取引をトリガーとして、NFTを移行することができるためです。暗号資産ではスマートコントラクトという機能を使うことによって、安心して取引ができることになります。

それに対して、現金等を利用した取引の場合、取引を仲介する市場がエスクローサービス等を用意していない限り、詐欺にあっ

図表3-6：OpenSeaサイト[5]

5）https://opensea.io/

て損をする可能性が残ります。NFTを取引する市場を構築する際には、詐欺が起きる可能性を減らすための対処が求められることになります。一方で、ゲーム内の決済において前払式支払手段を利用するのはごく一般的に行われているため、前払式支払手段を使う場合はノウハウもたまっていて運営時に困ることが少ないという利点があります。

ブロックチェーンゲームのNFT市場として世界的に有名な場所としては、OpenSeaというマーケットサービスのサイトがあります（**図表3-6**）。ここは特定のブロックチェーンゲームを対象としているわけではなく、各種ゲームやアート等のNFTを対象としています。2021年８月時点で、取引量が約15億米ドル（約1,600億円）に達しているとされ、それだけ大量にありとあらゆるNFTが取引されているサービスです。

このOpenSeaでは、スマートコントラクトの機能を利用してアイテムと暗号資産の取引を行うことができますので、詐欺等にあいにくい形で取引を行うことが可能です。

Column　前払式支払手段

前払式支払手段とは資金決済法第３条で定められている決済手段のことです。予め現金をこれに変更しておき、買い物の際に決済手段として使うものを指しています。従来はギフト券やプリペイドカードがこれに当たっていましたが、近年ではオンラインゲーム内で利用するコインや、ウェブ上のコンテンツを取引するためのカード（amazonギフト券、iTunesカード等）も含めてこの決済手段として扱っています。前払式支払手段を発行するに当たっては、基準時に未使用残高が1,000万円を超えているときに所管の財務局への届け出や供託、あるいは銀行との間で保全契約を締結するなどの必要があるため、注意が必要です。

オンラインゲーム内でアイテム等の決済のために利用されている通貨・ポイント等はこれに当たる可能性が高いため、事前に弁護士に相談するなどを検討する必要があります。

Column　スマートコントラクト

スマートコントラクトとは、ブロックチェーン上で契約を自動的に実行する仕組みのことです。ETHなど多くの仮想通貨でスマートコントラクトが実装されています。

この仕組みは、駅の切符の販売機のように利用者がお金を投入し、必要な料金のボタンを選択した瞬間に売買契約が成立するイメージに似ています。切符を購入するときには、自動券売機のボタンを押すことで旅客運送契約が結ばれていますが、それと同様に予め条件が組み込まれていて、その条件を満たした場合に、NFTの移転取引が自動的に完了します。

例えばETHのスマートコントラクトにおける契約では、契約内容がプログラミング言語で書かれており、そのプログラムに従って履行されます。その契約の履行に関する履歴は、ブロックチェーンにすべて記述され、他者からも確認することが可能ですので、契約の透明性が確保されているのが特徴となります。

スマートコントラクトのメリットは、当事者間で交わされる契約書の締結など多くの作業が不要になるため、事務コストを削減できることです。

一方で、契約内容を容易に変更できない点がデメリットとして挙げられます。自動化された契約にエラーやバグがあっても、そのエラーやバグを簡単に修正することは難しく、攻撃者がエラーやバグに気づけばそこを攻撃の起点とされてしまう可能性があります。

では具体的にNFTの取引とは、どのように行われるのかを見ていきましょう。

ブロックチェーンでNFTを取引する場合、公開鍵暗号方式を利用して取引を行います。

NFTを販売するユーザーAは、自分の秘密鍵でNFTを暗号化して、購入者であるユーザーBに送付します。購入者であるBは、Aの公開鍵を利用してNFTの暗号化を解除することで、そのNFTを入手します。

図表3-7　公開鍵暗号方式

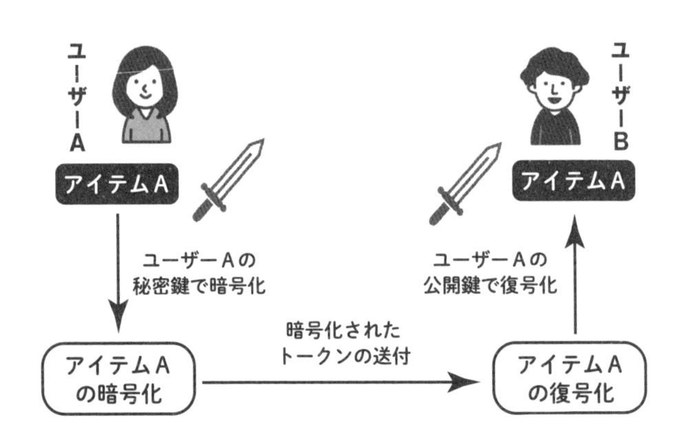

また、ユーザーは自分の保有しているNFTを利用する際に、それぞれの秘密鍵を必要とします。そのため、秘密鍵を忘れてしまうと、自分のNFTであっても利用することができなくなります。また、秘密鍵を他人に知られてしまうと、その他人がユーザーのNFTを利用可能になります。

このような構造になっているため、NFT単体を販売するのではなく、この秘密鍵自体を販売するということもあり得ます。このケースについては、従来型のオンラインゲームでいえば、アカウントを販売しているようなものとなります。

Column　ウォレット（財布）の売買

第2章でも説明した通り、ウォレットとは、自分の保有しているブロックチェーンアドレスを集合して持っているもののことを指します。このウォレットは秘密鍵を操作するもので、秘密鍵に操作しやすいようにインタフェースをつけたものがウォレットとなります。

つまり、秘密鍵自体を売買する行為については、このウォレットを販売する行為と同視することができます。

3　ブロックチェーンゲームにおける権利関係と責任範囲

ブロックチェーンゲームでは、ゲームの垣根を越えてNFTを取引したり、ゲーム外の市場で取引したりできるという特徴があります。しかし、その時にNFTがまったく同じデータを参照するものとして移動するとは限りません。ゲームの違いによって、移転先では発行元のゲーム内アイテムの機能とは違う性質を持つアイテムになる可能性もあることになります。

そのため、NFTについてどのような権利関係になっていて、そのNFTの処理について、誰がどう責任を持っているのかを整理しておく必要があります。

NFTの移転について考えると、**図表3-8**のようなケースを想定できます。

図表3-8　NFTの移転パターン

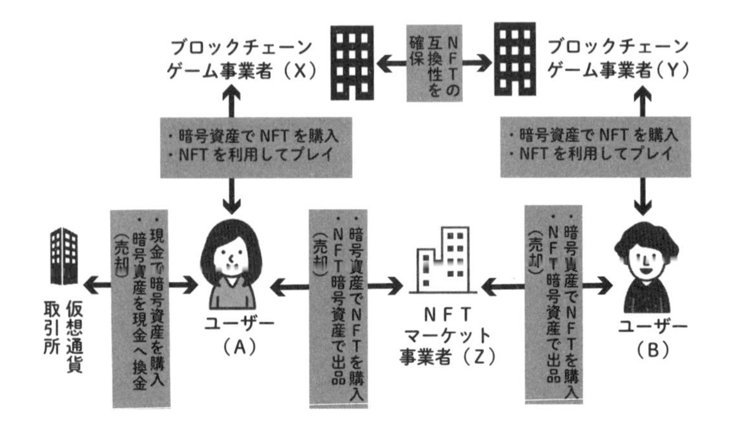

このときに、NFTマーケット事業者Zは、ブロックチェーンゲーム事業者X、Yと何の契約関係もなくアイテムの売買を行うことができるのかどうかですが、ブロックチェーンゲーム事業者X、Yがそれぞれ同じブロックチェーン基盤を使っていて、かつ、取引されることを禁止していない場合には、この取引に関する約束・契約等がなくても、各ゲームの利用者間の同意のもとにNFTの移転を行うことが可能となります。

ブロックチェーンゲーム事業者X、Yの間で契約関係がないのであれば、基本的に事業者Yは、事業者Xのアイテムを利用できるようにする義務はないことになります。そのため、アイテムが無事移転できたとしても、当該アイテムを入手した利用者は、結果的には何も利用できないという事態が起きかねません。

一方で、ブロックチェーンゲーム事業者XとYの間でアイテム等の取扱いについて、なんらかの契約がある場合、事業者Yは、事業者Xのアイテム等を事業者Yのゲームに移転させてゲーム内でアイテムを利用できるようにすることが求められることになります。

なお、契約がない場合についても注意が必要な点があります。事業者Xが事業者Yのゲームにアイテム等が移転しても利用ができるという広告宣伝や勧誘を行っていて、事業者Yがそれを否定していない場合、事業者Yは、ユーザー間の取引によって事業者Xのアイテム等が事業者Yのゲームに移転してきたときに、消費者保護の観点からゲーム内でアイテムを利用できるようにすることが求められる可能性があります。そのため、他の事業者から移転してくるアイテムについて利用できるようにしたくない場合には、他の事業者が行っている広告を打ち消す表示をすることや、

図表3-9　契約の有無

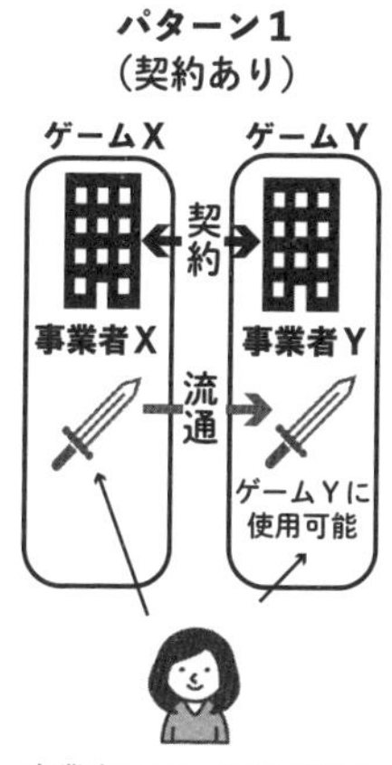

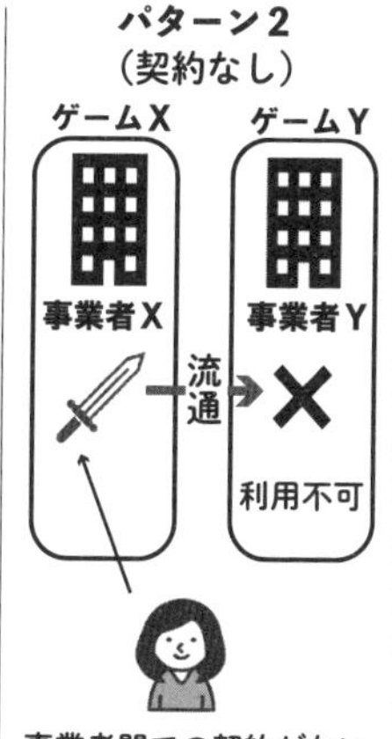

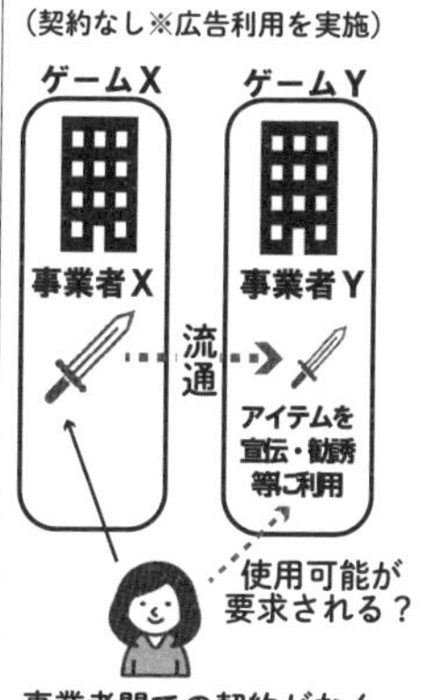

そもそも他の事業者からの移転ができないように制限することが求められることになります。

④ NFTの価値の変動パターン

ブロックチェーンゲーム内のNFTの価値は、第２章で取り上げたナーフ（アイテム性能の弱体化）のように、常に変動をしています。ナーフは主として価値が減少するものですが、ゲーム内ではNFTが様々な形で変動をし、それによって価値も変わっていくことになります。

ここでは、現金もしくは暗号資産がゲーム内アイテムとの関係でどのように変化するかという視点でパターンを記載しています。**図表3-10**で、ETHとしているところは他の暗号資産と置き換えすることが可能であり、また、現金で取引を可能にしている場合、現金と置き換え可能となります。複雑な操作をすれば価値が上がるわけではなく、ゲーム内、もしくはゲーム外において、そのNFTが持つ価値が上がるかどうかによって、価値は変動していきます。

図表3-10　NFT価値の変動パターン

(1) 暗号資産による直接購入、売却

※需給関係にもよるが (a)≒(b) と考えられる。
(ETH の仮想通貨取引所での価格上下は無視する)

(2) 暗号資産によるガチャ購入、売却

※(a)≒(b) どうかはわからない。

(3) 変化：購入した NFT が変化する、置き換わる

※「レベルアップ」や「進化」など名称はいろいろ考えられる。
※「変化」という名称ではあるが、ブロックチェーンデータ自体の書き換えをせず、別データを発行し置き換えているものを含む

※変化の結果をユーザーが任意選択できる

※変化の過程や結果にユーザーが介入できない

(4-1) 合成：購入したNFTどうしが合成される、置き換わる

※合成ではあるが、ブロックチェーンデータ自体の書き換えをせず、別データを発行し置き換えているものを含む

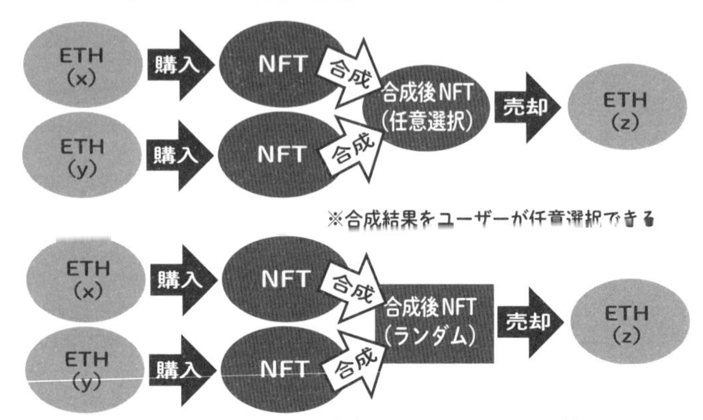

※合成過程や結果にユーザーが介入できない

(4-2) 複合的な合成①

※NFTに対し、前払式支払手段で別途の合成用アイテムを使用し　、別種のものへと変化する

※合成過程や結果にユーザーが介入できない

(4-3) 複合的な合成②

※NFT に対し、前払式支払手段で別途のアイテムを有料ガチャで入手し、別種のものへと変化する

※合成結果をユーザーが任意選択できる

※合成過程や結果にユーザーが介入できない

(5-1) ゲーム内データの NFT 化①

※ゲーム内のアイテムに対し、ETH 支払いをすることでそのデータを NFT にする

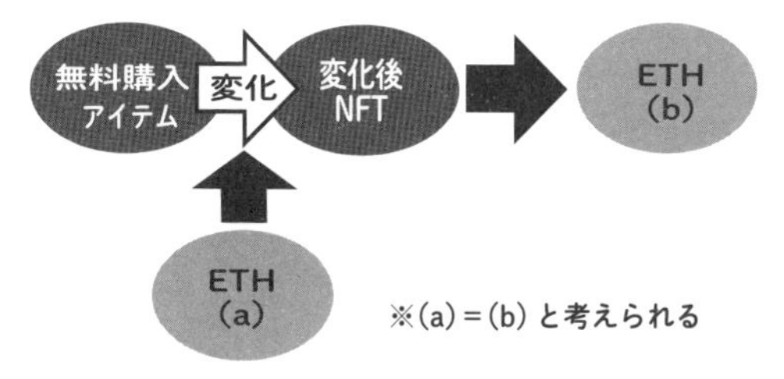

※(a)=(b) と考えられる

(5-2) ゲーム内データの NFT 化②

※無料ガチャで提供されたアイテムに対し、
ETH 支払いをすることでそのデータを NFT にする

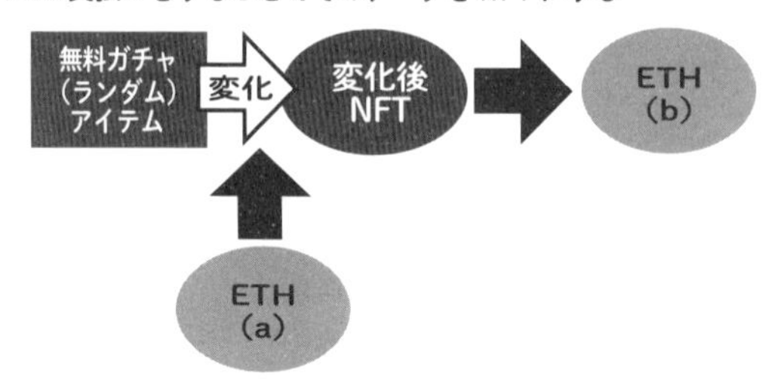

(5-3) ゲーム内データの NFT 化③

※前払式支払手段で購入したアイテムに対し、
ETH 支払いをすることでそのデータを NFT にする

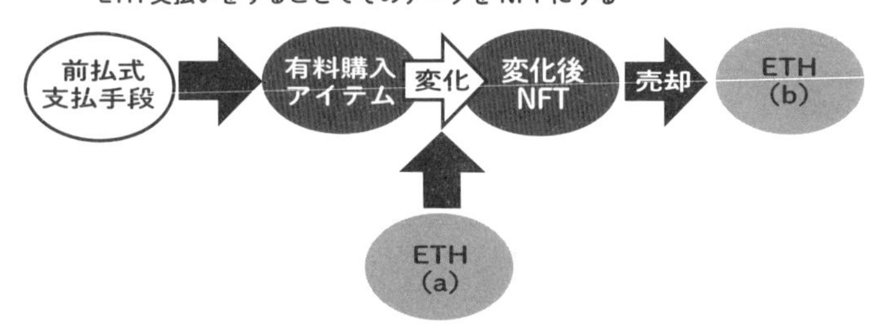

(5-4) ゲーム内データの NFT 化④

※前払式支払手段でランダム購入したアイテムに対し 、
ETH 支払いをすることでそのデータを NFT にする

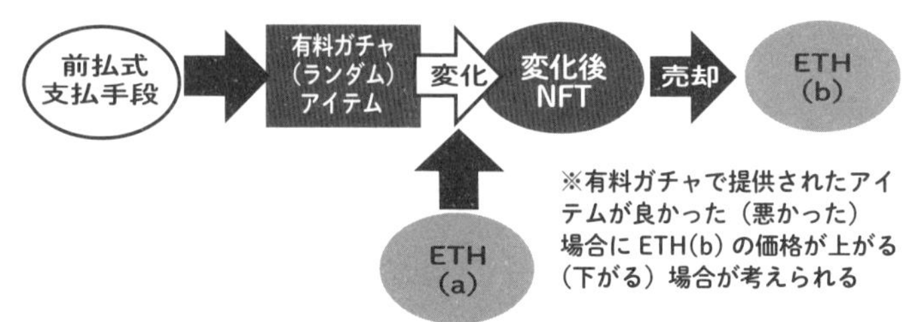

※有料ガチャで提供されたアイテムが良かった（悪かった）場合に ETH(b) の価格が上がる（下がる）場合が考えられる

(6) サービスの終了

※サービス終了後、NFT の需要がゲーム A によってのみ支えられていた場合、売却をしようとしても買い手がつかないおそれがある

(6-1) 他ゲームへの NFT の移動

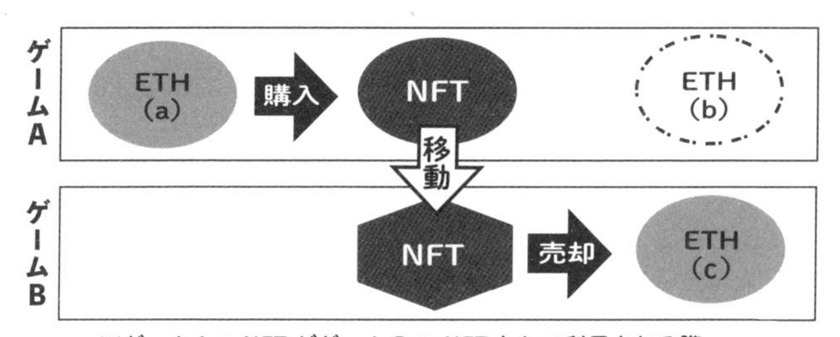

※ゲーム A の NFT がゲーム B の NFT として利用される際、ブロックチェーンデータに変化がなくても、ゲーム内での使われ方、役立ち度合いなどが変わる。
(市場価値の基準が変わる)
※(a)≒(b) であった場合でも、(a)≒(c) とは限らない。

(6-2) サービス終了したゲームの NFT を他ゲームへ移動

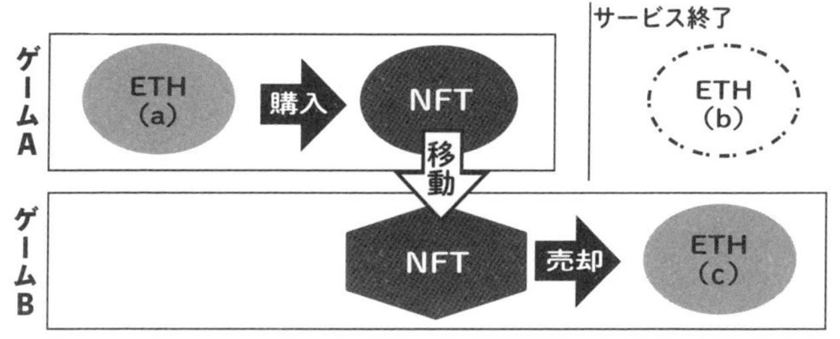

※ゲーム A の NFT がゲーム B の NFT として利用される際、ブロックチェーンデータに変化がなくても、ゲーム内での使われ方、役立ち度合いなどが変わる。
(市場価値の基準が変わる)
※(a)≒(b) であった場合でも、(a)≒(c) とは限らない。

第４章

NFTとユーザーの権利

ブロックチェーンゲームで取引されるNFTですが、ここでは取引の際にどのようなものとしてユーザーに取り扱われるのか、どういった権利に留意しなければならないか、また事業者として必要な対応について整理します。

1 NFTは所有できるものなのか？

ブロックチェーンゲームにおいては、アイテムやキャラクター等がNFTとして扱われています。これが第三者を介して取引できるため、「もの」と同様に、ユーザーが所有できるのではないかと考える人がいます。

まず、NFTに「所有権」は発生しません。これは従来型のオンラインゲームに関して検討が行われています。法律用語としての「所有権」とは物に対する権利であり、有体物（動産、不動産）についてのみ認められる権利であることから（民法第206条、同法第85条）、オンラインゲームにおけるアイテムはゲーム上の情報にすぎず、有体物ではないため、アイテムについてユーザーの所有権が認められることはないとされています[6)]。同様にブロックチェーンに関しても、ビットコインに関する裁判で暗号資産（仮想通貨）は所有権の対象にはならないという判決も出ていますので（東京地裁平成27年８月５日判決[7)]）、NFTに所有権は認められないと判断してよいでしょう。

6）経済産業省「電子商取引及び情報財取引に関する準則（令和２年８月改訂）」Ⅲ-12-4

7）株式会社MTGOXにビットコインを預けていた利用者が、MTGOXに対してビットコインの返還を求めた訴訟。所有権がないことから所有権に基づく返還請求は否定されたが、債権として返還を受ける権利が存在することが判示されている。

では、所有権がないからユーザーには権利がないということでよいのでしょうか。このことは、ゲームが終了したときに大きな問題となります。例えば、そのアイテム（NFT）を保有している人にとって、ゲームが終了した時などにはNFTがなくなってしまうという結論でよいのでしょうか。NFTは第三者にも転々流通することが想定されているため、それでは取得した人にとっては不利になることになります。

この問題については、NFTのゲームにおける性質や、当該NFTを発行した事業者がそのNFTについてどのように利用規約等で規定しているかによって変わってきます。

② NFTの価値

(1) その考え方

第３章で説明したように（70頁以下）、ブロックチェーンゲーム内のアイテムがNFTである場合、当該NFTは、様々な理由により価値が変動します。特に従来のオンラインゲームと異なり、ブロックチェーンゲームではユーザー間でのNFTの取引が前提となっているため、その取引市場において価格という形で価値の変動が明示されます。

これにより、ユーザー間取引によって、ユーザーＡから有償でアイテム（NFT）を入手したユーザーＢとしては、当該アイテムについて入手時の価格の価値があるという認識を有することも起きることになります。

しかし、当該アイテムはあくまでも当該ゲーム内のアイテムです。オンラインゲームでは、ゲームの進行によって新しいアイテムの発行や新しいゲームシステムの公表などによって、既存のアイテムの価値の変動が基本的なこととして起きるため、当該アイテムの価値は、入手時の価格のままではありません。これは、ブロックチェーンゲームにおけるNFTも同様となります。

ただしNFTの場合、発行主体がどのように設定しているかによって価値の変動の傾向が変わってくることになります。同一事業者内でのみ取引・流通が可能な場合と、事業者を越えた外部取引・流通が可能な場合とで、検討してみます。

図表4-1　ブロックチェーンゲームとNFT

	1.ブロックチェーンゲーム			2. 従来型オンラインゲーム
	同一事業者内のみ取引可能		事業者を超えた外部取引が可能	
	個別ゲーム内のみで取引が可能	ゲームを超えた外部取引が可能		
アイテム等の性質	・同一のゲーム内に限りアイテム等がユーザー間で流通することを前提としてデザイン	・同一の事業者内のゲーム内、ゲーム間に限り、アイテム等がユーザー間で流通することを前提としてデザイン	・(ゲーム/事業者を超えて) アイテム等がユーザー間で流通することを前提としてデザイン	・アイテム等のユーザー間での流通はゲームデザインによって異なる ・ゲームを越えての流通は基本的に出来ない
アイテム等の利用可能範囲	・アイテム等が同一のゲーム内に限り流通し、利用することが可能	・アイテム等が同一の事業者内のゲーム内、ゲーム間に限り、流通し、かつ、それを利用することが可能	・アイテム等がゲーム／事業者を超えて流通し、かつ、それを利用できるようにすることが可能	・アイテム等が同一のゲーム内に限り流通し、利用することが可能

⑵　同一事業者内でのみ取引・流通が可能

同一事業者のゲーム内でのみ取引・流通が可能なブロックチェーンゲームの場合、ゲーム内のアイテムの価値はある特定の事業者が運営するゲーム内の利用価値に連動します。

まず、同一事業者の単一のゲーム内でのみ取引・流通が可能なブロックチェーンゲームのアイテムの場合は、当該ゲームが終了するとアイテムが使えなくなるわけですから、従来型のオンラインゲームと同様に事業者は利用規約に基づいてユーザーがゲームを楽しむためにアイテム等を有償／無償で提供し、ゲームが終了することによって利用権は消滅するという整理をすることになります。

一方で、従来型のオンラインゲームと異なる点として、同一事業者内の複数のゲーム間でアイテムが取引される場合があります（**図表4-2**）。同一事業者内の複数のゲーム間でアイテムが取引され、ある特定のゲームAで発行されたアイテムが、別のゲーム

図表4-2　ゲーム間のアイテム利用

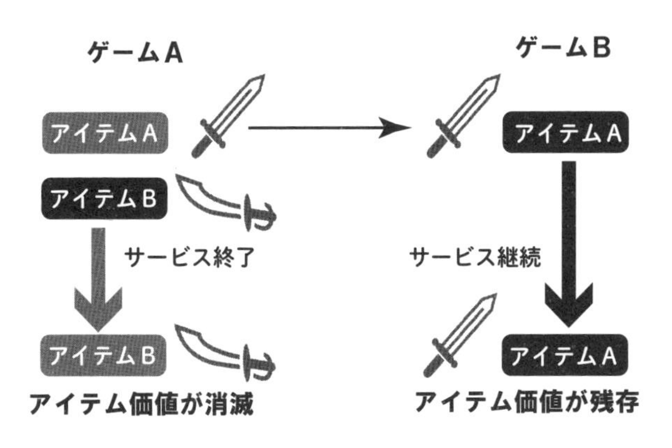

	同一ゲーム内のみ	同一事業者間で流通
ゲーム終了時のアイテム	利用できなくなる	別のゲームで利用可能にすることができる
ゲーム終了時のアイテム価値	価値はなくなる	別のゲーム内で利用できることで価値が残存する

Bにおいても利用できる場合、ゲームAを終了した場合にも、そのゲームアイテムがゲームBに移転して利用されることで、利用価値が残存することになります。ただし、同一の事業者ですので、その事業者が移転したアイテムの利用を終了するという判断をした場合に、実際にそのアイテムの利用をできなくすることが可能ですので、その点は注意が必要です。

(3) 事業者を越えた外部取引・流通が可能

事業者を越えた外部取引・流通が可能なブロックチェーンゲームの場合は、同一事業者内では閉じずに、他の事業者のゲームにアイテムを移転することができます。そのため、当該アイテムが発行されたゲームAにおける利用価値とは別に、移転先のゲームCにおいても利用価値が生じる可能性があることになります。

このような場合、前にも述べたとおり、アイテム発行元の事業者Xとアイテム移転先の事業者Yとの関係によって整理が変わると考えられます。

例えば事業者Xと事業者Yに関係性がなく、事業者Yが勝手に事業者Xのアイテムを受け入れているような場合、事業者Xはアイテムの移転先である事業者Yのゲームにおける利用価値について何ら責任を負うことはないと考えられます。

一方で事業者Xと事業者Yの間にアイテムの利用に関する何らかの関係がある場合、その関係性によっては、事業者Xはゲームを終了してもなお、当該ゲーム内アイテムの利用価値について責任を負う可能性があります。

図表4-3　NFTの移転パターン（再掲）

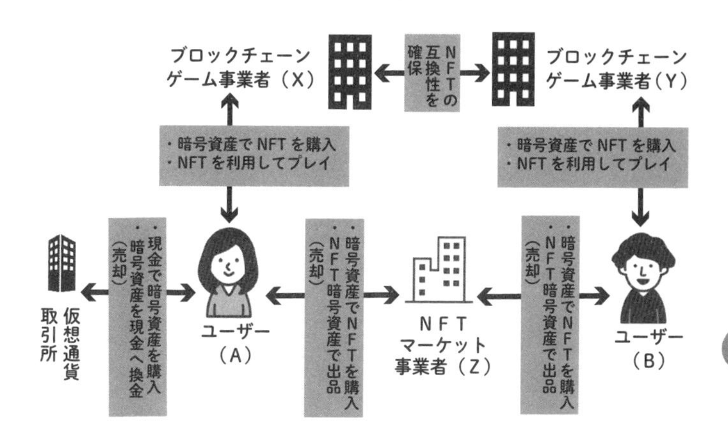

3　ゲーム終了時のNFTの取扱い

2までの整理を元に、ゲーム終了時にゲーム内アイテムに関して、事業者が責任を負うべきか否かについて整理を行います。

まず、ある特定のゲーム内におけるアイテムの利用価値に関しては、従来型オンラインゲームと同様に整理できると考えられます。そのため、事業者が十分な告知期間を置いた事前告知等を行うことなくサービスが終了するようなケースを除いて、特に補償等を行うことなく利用権を消滅させることができると考えられます[8)]。

8）経済産業省「電子商取引及び情報財取引に関する準則（令和2年8月改訂）」Ⅲ-12-4を参考

次に同一事業者内の別のゲームによって利用できるようにしている場合で、あるゲームAのアイテム等が、別のゲームBでも利用ができるという広告宣伝や勧誘を行っているときは、消費者保護の観点から、別のゲームBでアイテムを利用できるようにすることが求められます。また、別のゲームBが運営を終了した場合には、その旨を消費者に告知する必要があると考えられます（**図表4-4**）。

図表4-4　ゲーム終了時のNFTの取扱い

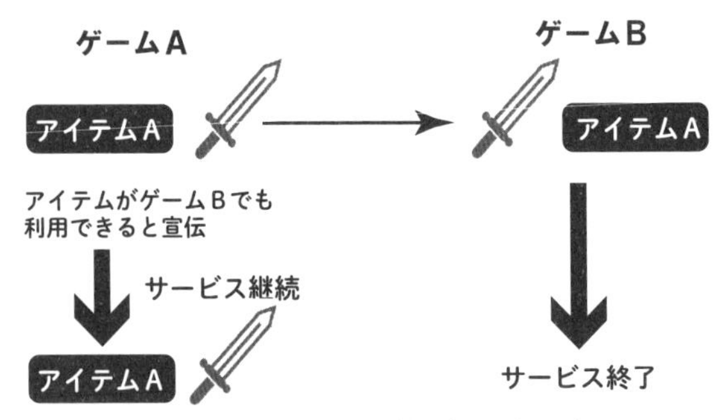

一方、事業者Aの運営しているゲームAのアイテム等が別の事業者Cが運営している別のゲームDにおいて利用できる場合で、そのことを広告宣伝や勧誘に利用しているときも、消費者保護の観点から、別のゲームDでアイテムを利用できるようにすることが求められます。そのため事業者Aは、消費者に対して広告宣伝や勧誘を行う際に、実際に相手先のゲームでも利用可能であるということを相手先の事業者に確認の上で行う必要があります（**図表4-5**）。

図表4-5　ゲーム間アイテム利用に関する広告宣伝①

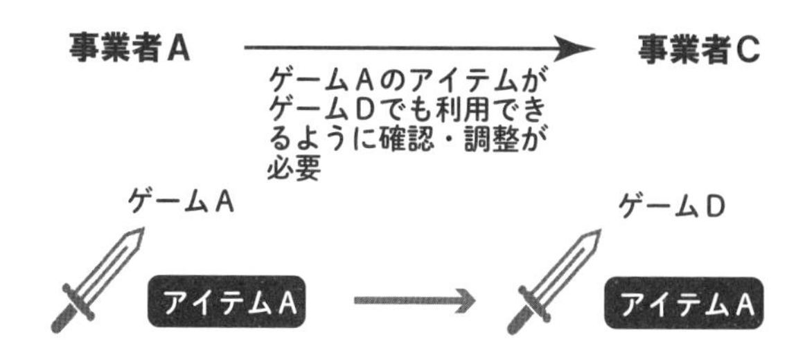

さらに、事業者Aの運営しているゲームAのアイテム等が別の事業者Cが運営している別のゲームDにおいて利用できる場合で、そのことを広告宣伝や勧誘に利用している、かつ事業者Cがそれを否定していない場合には、事業者Cとしては、ゲームAのアイテムをゲームDで利用することを求められる可能性があります（**図表4-6**）。

図表4-6　ゲーム間アイテム利用に関する広告宣伝②

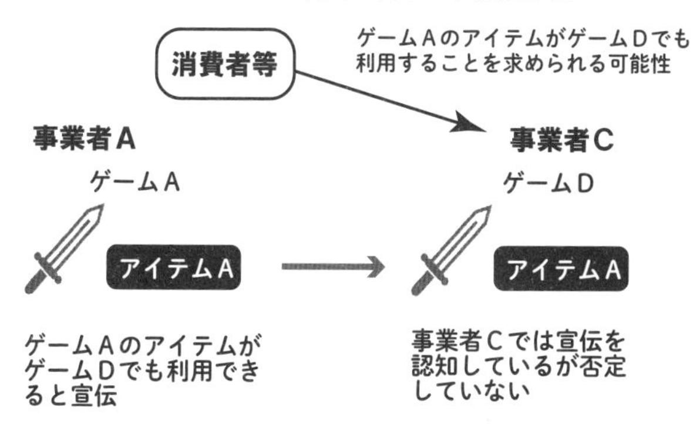

これを表にまとめると**図表4-7**のようになります。

図表4-7　NFTに関係する事業者に対応が求められること

	NFT発行元事業者の対応	NFT移転先事業者の対応
同一事業者内での利用	・移転先ゲームでの利用を可能にすること ・移転先ゲームが終了した時、告知すること	–
事業者を越えて利用	・移転先ゲームでの利用を可能にすること ・移転先ゲームが終了した時、告知すること	（特に契約等もない場合） ・移転してきたNFTの利用を保証する必要はない （発行元事業者と契約がある場合、もしくは広告宣伝等を否定していない場合） ・移転してきたNFTを利用可能にすること

4　利用規約への記載

事業者としては、ゲームの終了後もNFTに対する補償をしなくてはいけない事態を避けたいと考えることが多いと思われます。その際は、事業者がゲーム終了前に十分な告知期間を置いた事前告知等を行うことを前提に、利用規約等に打ち消し表示をすることによって、責任範囲を限定することになります。

- **ユーザーに対して、ある特定のゲームで使えるアイテム等であることを前提として利用規約に同意をしてゲームを開始させるようにする。そうすれば、利用規約が当事者間の拘束する契約内容になる。**
- **この際に第三者のゲームでも使えるが、その内容等について責任を負うものではないと書いておく。**
- **別の事業者との間で特別の提携関係があって、特別の権利があるのであれば、当該事項を利用規約に書いておくことが望ましい。**

利用規約を書く場合には下記の２つのパターンがあります。

① 第三者のゲームにNFTを移転可能かつ利用可能であるが、移転後の責任を負わない場合
② 第三者のゲームにNFTを移転可能かつ利用可能であり、他の事業者との提携により、NFTに関して責任を有する場合

①の場合は利用規約等に打ち消し表示をすることになりますが、それがあったとしても、その条項が無効になる可能性が存在します。

この可能性があるのは、3で挙げたように、ユーザーを勧誘する段階で当該ブロックチェーンゲームのメリットとして、他の事業者のゲームとのアイテム等の交換ができることを強調して勧誘している場合です。この場合、他の事業者のゲームとのアイテム交換ができるということが黙示的に契約内容に取り込まれていると判断されることが十分あり得る話であり、完全な契約条項にまでいかなくても、それを考慮して最終的な責任の有無等が考慮される可能性があります[9]。特定商取引法が改正されて2022年６月１日より施行されるため、それに伴った記載をすることも必要です。

そのほか、消費者契約法によって無効になることがありますので、確認する必要があります。

9）例えば一部の携帯電話事業者が行っているゼロレーティング（カウントフリー）の仕組みでは、携帯電話事業者がパケット使用料の対象外としているサービスと直接の契約関係なしで実施しているケースがある。このような場合であっても、利用者はその期待をもってサービスに加入していると考えられるため、サービスをやめるときには不利益変更に当たるということで、利用者に対してその旨を通知することが求められている。

5 ブロックチェーンゲームの性質による整理

さて、ブロックチェーンゲームについて法的な面を検討するためには、NFTについて検討することが必要になることを理解してもらえたでしょうか。

先述したようにブロックチェーンゲームの性質によって変わってきますが、同一事業者内における流通に関しては、基本的に従来型のオンラインゲームと同じ取扱いで考えることができます。

そのため、これ以降の章においては、NFTが事業者を越えて取引をできる場合を想定して、整理していきます。

図表4-8　ブロックチェーンゲームの整理

	1.ブロックチェーンゲーム		
	①ゲームを超えた外部取引・流通が可能		②個別ゲーム内のみで取引・流通が可能
	非中央集権型	中央集権型	
前払式支払手段該当性	・転々流通により、「権利行使性」を満たす可能性 ・流通先で別の用途を持つなどの可能性あり	・転々流通により、「権利行使性」を満たす可能性 ・流通先で別の用途を持たないような一定の介入が可能	・ゲームデザインに依拠 （アイテム等の設定によって、権利行使性を回避することが可能）
暗号資産該当性	・ブロックチェーン上のアイテムが暗号資産と交換できる場合、2号暗号資産に該当する可能性あり		
現金同等物との交換	・取引により、販売価格よりも高値で売買される可能性あり ・取引を市場メカニズムに完全に依拠	・取引により、販売価格よりも高値で売買される可能性あり ・価格設定等、市場に対して一定の介入が可能	・アイテム等の値段は一律だが、取引により、販売価格よりも高値で売買される可能性あり
青少年保護	・ゲームによって収入が得られることについての青少年への影響、社会的受容性		

COMMENT ブロックチェーンゲーム上のNon-Fungible Token（NFT）におけるユーザーの権利保護及び配慮について

板倉 陽一郎

1 ブロックチェーンゲーム上のアイテム等の取扱いに対するユーザーへの配慮

BCG（ブロックチェーンゲーム）ユーザーの権利利益保護や配慮事項を検討するにあたっては、BCGゲームでは、アイテム価格・価値に流動性があり、アイテムがゲーム外に流通するという特徴が重要になります。事業者は、既存の消費者法を応用して、対応を検討する必要があるでしょう。

具体的には、①優良・有利誤認表示禁止や、②断定的判断の提供禁止などが問題になります。①優良・有利誤認表示を防ぐためには、実際よりも著しく優れたものであるとか、実際よりも有利であるという誤解を与えないことが重要です。BCGのアイテムがどの範囲で他のBCGなどにも利用できるのかについてユーザーに認識、理解してもらうことは必須になります。また、②BCGのアイテムの価値が不変であるとか、常に上昇するような説明をしてしまうと、断定的判断の提供が問題になり得ます。

これらの問題を防ぐための説明は、BCG利用開始時に、ユーザーとの契約に先立って利用規約やこれに伴う説明文書などで十分に行われることが必要です。BCGの仕組みは決して一般的とはいえないので、十分な説明義務が事業者に求められます。提供するBCGの仕組み自体を丁寧に説明することも重要でしょう。このような丁寧な説明には消費者契約法等で定められた説明義務の履行という側面もありますが、ユーザーと事業者間におけるトラブル回避の観点からも重要になります。金融商品の販売で求められる重要事項説明の水準が参考になるでしょう。特に、今後BCGの市場が拡大し、BCGアイテムの取引市場におけるやり取りが当たり前になってくるとより重要になると考えます。

免責や責任限度額の設定には消費者契約法上の限界があるものの、BCGを提供するにあたり、事業者として想定している利用の範囲を明確に示しておくことも重要です。BCG外において、ゲームアイテム等の取引市場を提供する事業者などについては、BCGを提供する事業者がコントロール出来るものではなく、関知にも限界があることは明記しておくのが望ましいです。事業者としては、BCG 外部の取引市場をどの程度把握し、取引市場との関りをどのようにユーザーに伝えるかを、事前に、十分に検討・整理しておくことが求められます。

これらの説明は取引市場のみを提供する事業者についても果たすことが重要です。説明責任を十分に果たしていないステークホルダーが存在し、BCGアイテムが想定外に販売できない等の問題からユーザーに損害が発生しても、BCGを提供する事業者が責任追及されることは避けられません。BCG業界として、BCGを提供する事業者のみならず、取引市場を提供する事業者からも適切に説明が行われるように環境整備することは、安心・安全な市場環境につながっていきます。

金融商品の重要事項説明に相当するようなBCGの説明に関し、将来的には業界全体として規格化または統一化されたフォーマットで説明されるような状態となることが望ましいと考えます。このフォーマットが整備されていれば、新規に参入してくる事業者やベンチャーも参照することができ、法的義務の水準に達することができるほか、未然に損害や紛争の発生などを防ぐこともできるでしょう。

2　ゲーム終了時におけるBCGアイテムの取扱い

従来のオンラインゲームにおいては、サービス終了時にユーザーが保有しているアイテム等は使用できなくなります。しかし、BCGでは、サービスの提供を終了してもBCGアイテム等は他のBCG又は取引市場で使用等をすることが可能な場合があり、これに関するユーザーの期待も、一定程度保護に値すると考えられます。そのため、従来のオンラインゲームと異なるゲーム終了時の対応が必要となります。

まず、BCG終了時において、事業者に故意重過失があってもアイテム等の補償を一切行わないというのは消費者契約法の観点からも認められないでしょう。他方、行政規制ではあるものの、資金決済法上では、ユーザーが保有している"コイン"の残高を事業者が払わなければならない、払い戻し義務が事業者に課されています。BCGアイテムの補償は、このような、故意重過失免責と、故意過失を問わない払い戻し義務の中間にあり、どう考えるかということになります。

損害軽減義務という観点があります。BCGの提供事業者において、アイテム等の価値がいきなりなくなってしまう事態の回避義務を想定するわけです。BCGユーザーの、サービス終了後も価値が残存するという期待に対応するものになります。BCGに限らず、ゲーム終了までに一定期間の猶予期間が設けられることは一般的ですが、このような配慮も、損害軽減義務への対応として評価されるでしょう。BCG特有の損害を軽減する対応としては、NFTであるというBCGアイテムの特性を生かし、他のBCG等と提携し、ゲーム終了後も使用できるようにしておく、又は少なくとも提携について相応に努力するという対応も考えられます。

ゲーム終了後に当該BCGアイテムの価格が高騰する可能性があったという理由で高額の補償（損害賠償）を求められた場合はどう考えればよいでしょうか。これは、債務不履行により転売を失敗した不動産価格の高騰についての予測可能性と同様の問題として捉えることができます。ゲーム終了後のBCGアイテム価格の高騰は、予測可能性が高くないため、そこまで大きなリスクとならないのではないかと思います。

実務的には、①BCGアイテム等の特性の1つとして、提供するBCGがなくなるとアイテム等の価値が著しく低減すること、②BCGアイテム等の交換価値は市場などによって勝手に変わる可能性があるため、事業者としてはこの価値変更の補償をしないことは、利用規約や重要事項説明において説明しておくべきでしょう。その上で、サービス終了時には、上記のように損害軽減義務を果たしつつ手じまいしていくことになります。

金融商品そのものと異なり、損失補填の禁止が定められているわけではないので、事業者としては資金決済法と同様に払い戻しを準備することも考えられます。しかしながら、その場合、BCGアイテム等の払い戻し価値をどのタイミングで確定するかが問題となります。利用規約等で予め定めるほかありませんが、価値判断の時点を定めるのは容易ではないでしょう。

3　まとめ

BCGの提供に伴う、ユーザーの権利保護やユーザーへの配慮は、既存の消費者関係法令を参考にしつつ対応することである程度適切に行うことができます。特に高い水準を定めるものとして、金融関係の法令規制も参考にするとよいでしょう。他方、金融関係法令を参照にするからといって、BCGアイテム等を投機商品として扱うことを望ましいものとするものでもありません。事業者は、単なる同元になり果てることなく、ゲーム性とのバランスに留意しながらサービスを提供することを求められるでしょう。

第５章

資金決済法上の取扱い

NFTはブロックチェーン上のトークンとして取引されるため、暗号資産との関係を明確にすることが課題になります。ここではNFTが暗号資産や、前払式支払手段とどのような関係性にあるのかについて整理します。

1 前払式支払手段

前述の通り、従来型のオンラインゲームで、アイテムの取引等に使われているコイン等は、資金決済法における前払式支払手段に該当する場合がほとんどとなります。ブロックチェーンゲームにおいてもこれが利用される可能性が高いですが、前払式支払手段に当たるための要件は、次のとおりとなります（資金決済法第3条1項）。

- **応ずる対価を得て発行されるものであること（対価発行性）**
- **提示等により、商品又は役務の提供を受けられるものであること（権利行使性）**
- **上記受けられる商品又は役務が記録された標章・記号等であること（価値保存性）**

オンラインゲームにおいて、アイテムの決済に使うコイン等については前払式支払手段として整理されています。それに対して、コイン等で購入したアイテムはどのように扱われているのでしょうか。従来型オンラインゲームにおいては、ゲーム内アイテムは対価発行性と価値保存性を満たしますが、一般的には外形的特性からその取得をもって権利行使を終えたものと考えられ、さらに利用規約等にその旨を表示することで権利行使性を満たさな

図表5-1　通貨性がない場合／否定できない場合[10]

いとして前払式支払手段ではないと整理されてきています。

ただし、ゲーム内アイテムをそれ自体として通貨性を持つような仕様とした場合には、前払式支払手段としての管理が求められることになります[11]。

10）なお、通貨性がない場合のケースについて、複数の種類の剣を有償ガチャで排出して揃った場合に新しいアイテムが手に入るというような場合、平成24年6月28日の消費者庁『「懸賞による景品類の提供に関する事項の制限」の運用基準4告示第五項（カード合わせ）について』で違法とされている。日本オンラインゲーム協会のガイドラインに類型が整理されている。参照：日本オンラインゲーム協会ガイドラインワーキンググループ「オンラインゲームにおけるビジネスモデルの企画設計および運用ガイドライン」https://japanonlinegame.org/wp-content/uploads/2017/06/business_method_guideline_2016.pdf

ゲーム内アイテムそれ自体が通貨性を持つような場合とは、ゲーム内アイテム自体を複数の用途で使えるようなケースが考えられます。典型的なケースとしては、特定のゲーム内アイテムを複数購入した場合、そのアイテムの数に応じて、様々な種類の商品との交換ができるようなケースが挙げられます。

前払式支払手段と、前払式支払手段に当たらないゲーム内アイテムでは、法律上の取扱いが異なりますので、アイテム発行時には前払式支払手段に当たっているかどうかの確認は必須となります。

NFTについても、代替可能性がないということで、通常は通貨性を持たないように設計されているはずですが、この点には注意しておく必要があるでしょう。

2 NFTと前払式支払手段との関係性

一方で、ブロックチェーンゲーム特有の事情として、ゲーム内アイテムであるNFTが、移転先のゲームや、外部市場において、上述のような通貨性を持つものとして取り扱われるという場合がありえます。

このような場合において、アイテムを発行したゲーム事業者自身が、当該アイテムを通貨性を持つものとして取引を行えるように取引市場となる機能を提供しているときは、前払式支払手段としての管理を求められることになると考えられます。

一方で、アイテムを発行したゲーム事業者とは無関係の第三者であるアイテムを受け入れているゲーム事業者や、取引市場運営

11）金融庁における法令適用事前確認手続（回答書）　平成29年９月15日
https://www.fsa.go.jp/common/noact/kaitou/027/027_05b.pdf

図表5-2　NFTと通貨性

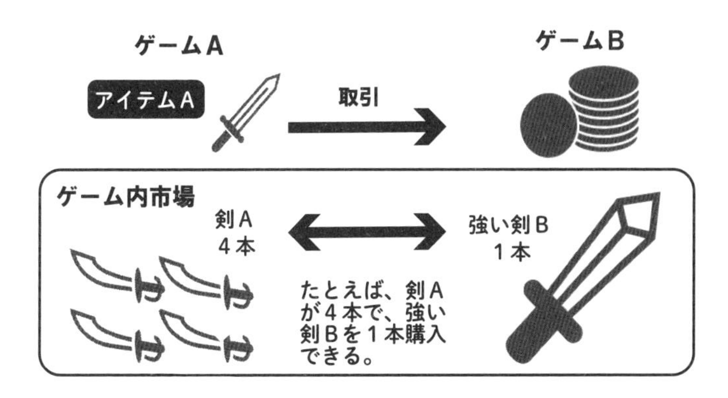

者であっても通貨性を持つものとして取引を行える機能を提供している場合には、アイテムを受け入れているゲーム事業者や、取引市場の運営者が、当該アイテムを前払式支払手段として管理する必要性について検討することになります。

この際、アイテムを発行したゲーム事業者は当該アイテムを前払式支払手段として管理する必要はないと整理できます。

図表5-3　整理表

	発行事業者が関わっている	発行事業者は関わっていない
アイテムが市場で通貨として扱われている	発行事業者が前払式支払手段として管理	市場運営者が前払式支払手段として管理
アイテムが別のゲームで通貨として扱われている	発行事業者が前払式支払手段として管理	別ゲームの事業者が前払式支払手段として管理

3　暗号資産とは何か

ブロックチェーンゲーム内のアイテム（NFT）について、ブロックチェーンとして管理されているデータであるため、暗号資産として管理する必要があるかどうかという論点があります。

さて、ここでいう暗号資産とはどのようなものでしょうか。

従来は仮想通貨と呼ばれており、法律上もそのように定義されていましたが、2019年に成立した改正資金決済法により「暗号資産」という文言に変更になりました。法律上、1号暗号資産と2号暗号資産に分けられ、1号暗号資産は下記のような性質を持つものであると定義されています。[12]

(1)　不特定の者に対して、代金の支払い等に使用でき、かつ、法定通貨（日本円や米国ドル等）と相互に交換できる
(2)　電子的に記録され、移転できる
(3)　法定通貨または法定通貨建ての資産（プリペイドカード等）ではない

主にビットコイン（BTC）、イーサリアム（ETH）等が当たることになります。

これに対して2号暗号資産が下記のように定義されています。

(1)　不特定のものを相手方として1号暗号資産と相互に交換ができる財産的な価値であること
(2)　電子情報処理によって移転できること

12）https://www.boj.or.jp/announcements/education/oshiete/money/c27.htm/

ブロックチェーンゲームにおいてはBTC、ETH等を利用してアイテム（NFT）を購入することがあるし、NFTは移転できるものですので、ブロックチェーンゲームにおけるNFTは、２号暗号資産に当たるかどうかを検討する必要があります。

４　NFTと暗号資産との関係性

ブロックチェーンゲームにおけるNFTに関して、金融庁のパブリックコメントにおいて、決済手段等の経済的機能を有していない場合は２号暗号資産に当たることはないとされています。（資金決済法　事務ガイドライン（第三分冊：金融会社関係 16仮想通貨交換業者関係）に関するパブリックコメント）

基本的にゲーム内のアイテムは、前述した前払式支払手段との兼ね合いもあって決済手段としての機能を有するようには作られていません。そのため、２号暗号資産に当たることはなく、暗号

図表５−４　NFTと通貨性

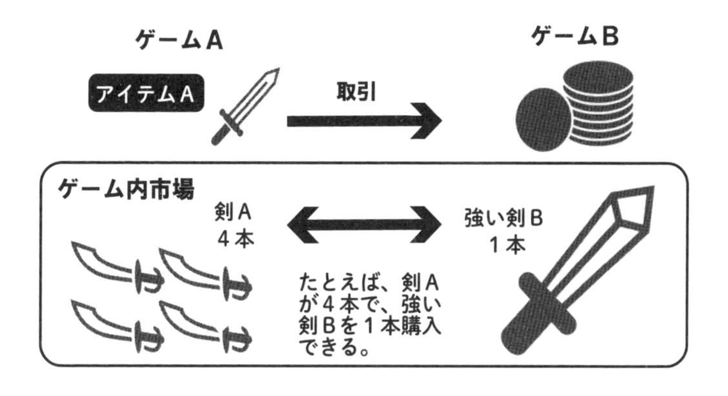

資産としての管理は不要であると解釈されています。

ただし、ブロックチェーンゲームにおいては、ゲーム内アイテムが別のゲームで利用されたり、外部の取引市場で取引されたりすることがありえます。外部の取引市場において、ゲーム内アイテムを決済手段として扱うことができるような場合に、アイテム発行者であるゲーム事業者は、当該アイテムを暗号資産として管理する必要があるかということが論点となりうることになります。

このような場合、アイテム発行者であるゲーム事業者自身がこのような取引を行えるように取引市場となる機能を提供しているのであれば、暗号資産としての管理を求められると考えられます。

一方で、アイテムを発行したゲーム事業者とは無関係の第三者である、アイテムを受け入れているゲーム事業者や取引市場運営者が取引市場となる機能を提供している場合には、アイテムを受け入れているゲーム事業者や取引市場の運営者が、当該アイテムを暗号資産として管理する必要性について検討することになります。そのため、アイテムを発行したゲーム事業者は当該アイテムを暗号資産として管理する必要はないと整理できます。

図表5-5 アイテムの通貨性と発行事業者の関与

	発行事業者が関わっている	発行事業者は関わっていない
アイテムが市場で通貨として扱われている	暗号資産として管理	市場運営者が暗号資産として管理
アイテムが別のゲームで通貨として扱われている	暗号資産として管理	別ゲームの事業者が暗号資産として管理

5 暗号資産交換業としての登録

上記で整理しているように、ゲーム内アイテムが暗号資産ではない場合に、暗号資産交換業としての登録が必要かどうかという論点があります。

暗号資産交換業とは、下記のいずれかに当たるものを指しています。

- **暗号資産の売買または他の暗号資産との交換**
- **上記の行為の媒介、取次ぎまたは代理**
- **上記の行為に関して、利用者の金銭または暗号資産の管理をすること**
- **他人のために暗号資産の管理をすること**

暗号資産を売買したり、交換したりする場所の提供や、それに伴う暗号資産等の管理を行うことなどが対象となっており、これらに当たる場合には、暗号資産交換業としての登録が必要となります。

ブロックチェーンゲームにおいては、ゲーム事業者の提供するゲーム内アイテムがNFTであったとしても、前節で整理したように2号暗号資産には当たらず、またその取引をする際に現金や前払式支払手段を利用している場合、暗号資産交換業としての登録は不要になると考えられます。

一方で、ETHなどの暗号資産をゲーム内アイテムの取引手段として採用している場合で、現金とETH等の暗号資産を交換する機能を有している場合には、その交換機能を有することが暗号資産交換業に該当するため、登録が必要になると考えられます。

図表5-6　登録が必要なケース／不要なケース

登録が必要なケース（太枠内サービス）

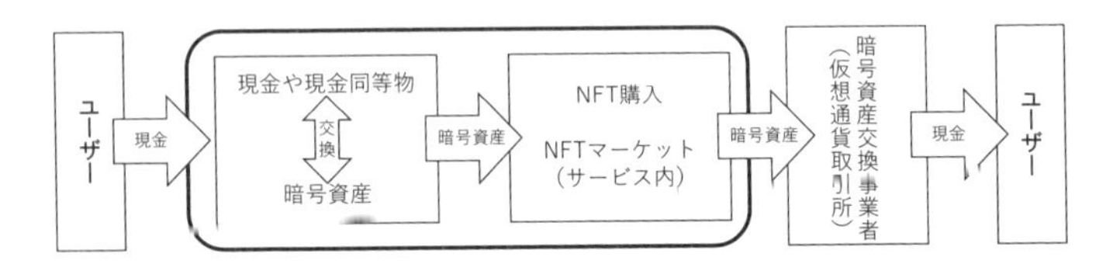

登録が不要なケース（太枠内サービス）

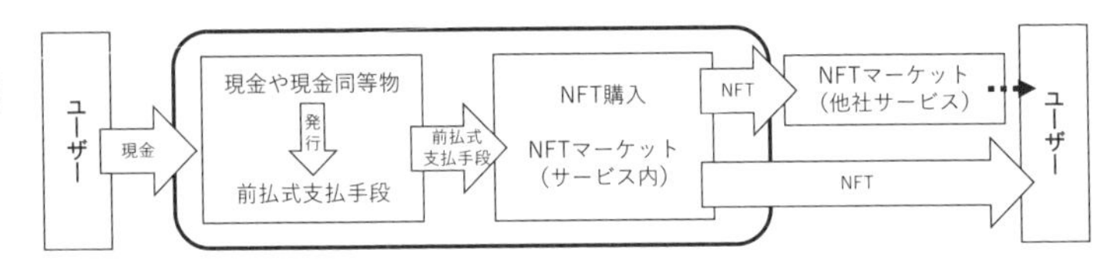

COMMENT　ブロックチェーンゲームと金融規制について

堀　天子

1　ブロックチェーンゲーム（BCG）におけるアイテムと金融規制との関係

ブロックチェーン技術を利用したオンラインゲームの開発が進み、ゲーム内のユーザー間で、あるいはゲームを超えて、アイテム等を移動したり、利用したりすることができるという世界が生まれてきています。

オンラインゲームはこれまで事業者のゲームサーバーで提供され、ゲームで利用できるデジタルデータもそのサーバー上で提供されてきましたが、そのデジタルデータが、ゲームアイテムなのか、それとも金融規制がかかる前払式支払手段に該当するのかは、論点でした。オンラインゲームにおいては、様々なアイテム等が発行されますが、そのアイテム等の一部には、当該アイテム等の取得をもって商品・サービスの提供を受けたのか、そのアイテム等は、実はまだ最終消費物ではなく、その後に商品・サービスの対価の弁済等に使用できる、あるいは商品・サービスと引き換えができるものなのか、ということの判断が困難なものがあるからです（例えばキャラクターや鎧や盾といったアイテムは、それを購入すれば商品・サービスの提供を受けたと認識できますが、コインやダイヤはその後に商品・サービスと引き換えることが予定されており、前払式支払手段に該当します。しかし、薬草や栄養ドリンクは、それ自体が商品・サービスとみるべきなのか、後で体力を回復できるという効果を受けることができるので、最終消費物ではなく前払式支払手段なのか、判然としないという問題です。)。

この深淵な問題については、2016年の宝箱の鍵事件をきっかけに問題提起がなされ、オンラインゲームを提供する事業者と当局との間で議論が進み、2017年にノーアクションレターによる回答が行われたこと、これを踏まえてオンラインゲーム業界からもガイドラインが発出されたことによって、(あてはめの難しいケースは残るとしても考え方としては)一定の解決がついたといえます。

さて、オンラインゲームがブロックチェーン技術を利用して提供されるようになると、特定されたゲームサーバー内でのみ利用できるという世界から、不特定のユーザーや不特定のゲームサーバーでも利用できる世界へ移行することになります。金融の世界でも、ブロックチェーン技術を利用して生まれたデジタルデータが、支払手段として機能するようになった場合、これまで規律されてきた前払式支払手段とは別の概念として、暗号資産として、これを取り扱う事業者も金融規制の下に置かれることとなりました。前払式支払手段と暗号資産とは、大別すると、「特定の者に対して使用できるもの」か、「不特定の者に対して使用できるものか」で峻別されています。BCG(ブロックチェーンゲーム)アイテムについて、金融規制の適用を考えるにあたっては、「特定の者に対して使用できるもの」か、「不特定の者に対して使用できるものか」という区分ももちろん大事になりますが、根底に流れるその機能の捉え方が大事になります。すなわち、BCGアイテムが、いわゆるアイテムなのか、金融規制の対象となる支払手段なのかの区分について考えるにあたっては、上記のゲームサーバーで提供されるアイテム等と同じように考えることができるのではないかと思います。

		論点②	
		特定の者に対して使用可	不特定の者に対して使用可
論点①	支払手段	前払式支払手段	暗号資産
論点①	アイテム等	規制対象外	規制対象外

この区分をイメージに落とすと、上記表の整理になり、論点①がアイテム等なのか支払手段なのかの問題、論点②が前払式支払手段なのか暗号資産なのかの問題です。

BCGアイテムがアイテム等と整理できれば、前払式支払手段なのか、暗号資産なのかを議論する必要はなくなります。但し、前払式支払手段とアイテム等の峻別の際に議論したような留意点は、同様に留意すべきと思われます。

BCGアイテム等が支払手段の要素を持つような場合には、そのBCGアイテム等の利用範囲等をもとに、前払式支払手段該当性や暗号資産該当性を検討する必要が出てきます。特定の者に対してのみ使用できるのか、不特定の者に対して使用できるのかの区分は、暗号資産について議論されていることを参考とすれば、比較的広く解釈される可能性がある一方、ブロックチェーン技術を用いたBCGアイテムがどのように利用されるかは、生み出された当初とこれが発展する過程で変化する可能性があり、法的性質も変わる可能性があるという点に留意が必要です。

2　BCGアイテムと支払手段該当性（論点①）

(1)　BCGアイテムの性質と前払式支払手段への該当可能性

資金決済に関する法律第3条第1項に定める前払式支払手段の該当性の判断に当たっては、①金額又は数量が記載・記録されること（価値の保存）、②金額・数量に応ずる対価を得て発行される証票等であること（対価発行）、③商品・サービスの代価の弁済等に使用されること（権利行使）、の3要件に照らして個別具体的に判断を行うものと解されています。

一部のコンテンツ等が、ゲーム内アイテムなのか、前払式支払手段なのかの峻別が困難であるものがあり、それらは論点であると申し上げました。しかし、例えば、NFT（Non Fugible Token）で生成され、その価値が永続的に認められて取引対象となるようなBCGアイテムについては、支払手段に該当すると判断される可能性は低いであろうと考えます。

すなわち、前払式支払手段の要件のうち、商品・サービスの代価の弁済等に使用されること（権利行使）という要件は、先ほどご説明したような、当該アイテム等の取得をもって商品・サービスの提供を受けたのか、そのアイテム等は、実はまだ最終消費物ではなく、その後に商品・サービスの対価の弁済等に使用できる、あるいは商品・サービスと引き換えができるものなのかを区分するために重要な要件です。ユーザーが商品・サービスの提供に先立ち、対価を払って、後で商品・サービスと後で引き換えることができる支払手段を取得する場合には、ユーザーの事業者に対する経済的な信用を保護する必要があります（仮に商品・サービスと引き換える前に事業者が破綻した場合には、商品・サービスとの引き換えができないほか、払った対価も返還されずに、ユーザーが被害を被ります。）。このような保護のために金融規制がある、逆に言えば、ユーザーが、権利行使の要件を満たさないような、それ自体が商品・サービスといえる最終消費物を手にした場合には、金融規制を課す必要がないと考えられます。

そして、NFT（Non Fugible Token）で生成されるBCGアイテムについて、キャラクターや、ヒーロー、武器、土地といった固有性・希少性の高いものであって、当該BCGアイテムを利用しても当該BCGアイテムが消滅しないというようなものであれば、それを購入した時点でユーザーとしては商品・サービスの提供を受けたと認識することができ、支払手段には該当しないと考えられます（ゲーム内コンテンツの中でも、権利行使の要件を欠く、「永続コンテンツ」に該当する場合には、前払式支払手段には該当しないと考えることと同様です。）。一方で、ユーザーが、BCGアイテムを大量複数保有することができて、当該BCGアイテムを保有しているだけではユーザーは商品・サービスの提供を受けたと認識することはできず、その後に引き換える商品・サービスと交換する機能が主であり、権利行使の要件を満たすものについては、支払手段に該当することになると考えられます（この場合のNFTによる個体差は、日本銀行券の番号程度の差があるにすぎない、とみることになると考えられます。）。

(2) BCGアイテムの性質と暗号資産への該当可能性

暗号資産についても、1号暗号資産については、「物品を購入し、若しくは借り受け、又は役務の提供を受ける場合に、これらの代価の弁済のために不特定の者に対して使用することができ、かつ、不特定の者を相手方として購入及び売却を行うことができる財産的価値（電子機器その他の物に電子的方法により記録されているものに限り、本邦通貨及び外国通貨並びに通貨建資産を除く。次号において同じ。）であって、電子情報処理組織を用いて移転することができるもの」と定義されております。書きぶりは少し異なりますが、前払式支払手段と同様に、権利行使の要件を満たすことが必要となりますので、前払式支払手段該当性と同様に支払手段としての機能があるかどうかを考えればよいように思います。

また、暗号資産については1号暗号資産のほかに、2号暗号資産の定義があり、金融規制の対象となる範囲が広くなっていますが、上記金融庁回答の中では、「物品等の購入に直接利用できない又は法定通貨との交換ができないものであっても、１号仮想通貨と相互に交換できるもので、１号仮想通貨を介することにより決済手段等の経済的機能を有するものについては、１号仮想通貨と同様に決済手段等としての規制が必要と考えられるため、２号仮想通貨として資金決済法上の仮想通貨の範囲に含めて考えられたものです。したがって、例えば、ブロックチェーンに記録されたトレーディングカードやゲーム内アイテム等は、１号仮想通貨と相互に交換できる場合であっても、基本的には１号仮想通貨のような決済手段等の経済的機能を有していないと考えられますので、２号仮想通貨には該当しないと考えられます。」と述べられており、基本的には論点①で検討したところと同様、支払手段には該当しないものは2号暗号資産にも該当しないという整理でよさそうです。

(3) 取引対象となるという点について

ここで、BCGアイテムが従来のオンラインゲームアイテムと異なるのは、それがユーザー間で取引対象となるということです。BCGアイテムがゲーム内ではゲームアイテムとして利用されているとしても、取引市場において、支払手段として機能していないかが問題となります。ある商品（例えばカメラ）を売却しても、カメラが支払手段になるわけではないのと同様、取引対象となるというだけで、直ちに、権利行使の要件を満たすわけではありません。しかし、貝殻や金属が、価値の交換手段として用いられていた歴史をみると、BCGアイテムの主たる用途がゲーム内で利用ができるキャラクターやヒーロー、武器、土地という用途にとどまらず、むしろ取引市場での決済手段となっているといったような場合には、権利行使の要件を満たし、支払手段として金融規制の対象となることはあり得るのだろうと思います。このような実態が生じているかどうかは、発行者がどのような意図をもって当該BCGアイテムを生成したのか、ゲーム提供者がBCGアイテムをどのように利用できるとしているのか、取引市場に参加するユーザーの認識等から判断する必要があるように思います。

3 BCGアイテムと前払式支払手段・暗号資産該当性（論点②）

仮に、BCGアイテムが上記で検討したような支払手段としての性質を帯びるとすると、当該BCGアイテムが特定の者に対してのみ使用ができる前払式支払手段なのか、不特定の者に対しても使用ができる暗号資産なのかを検討する必要が出てくる、ということになります。BCGアイテムは、ブロックチェーン技術を用いて作られていること、先にみてきたように、BCGアイテムが支払手段となるのは、主たる用途が不特定の者が参加する取引市場でその交換価値が承認されたような場合であると仮定すると、「不特定の者がこれを利用できる」との要件に該当し、すなわち、前払式支払手段よりも暗号資産の方に該当する可能性が高いのではないかと思われます。

この点について、上記金融庁回答によれば、「資金決済法上の仮想通貨の定義に含まれる「不特定」の要件については、実態に即して個別具体的に判断されるべきものと考えておりますが、不特定の者の間で移転可能な仕組みを有する場合、当該トークンが広く転々流通することが合理的に見込まれるため、同要件を充足する可能性が高いと考えられます。」とされている点が参考になります。

4　BCGアイテムについて対応が求められる事業者とその責任内容

これまでみてきたように、BCGアイテムはオンラインゲームで利用できるアイテムであるという場合には、金融規制の対象から外れることになりますので、BCGアイテムは商品やサービスの一種として、商取引の対象となっていると評価できます。特定商取引法の規制や、電子商取引及び情報財取引等に関する準則を遵守しつつ、BCGアイテムが適切に流通していく市場を関係者で構築していくことが必要と考えられます。

BCGアイテムが前払式支払手段に該当する場合には、BCGアイテムの発行者が、前払式支払手段としての規制を受け、BCGアイテムの取引市場を開設する事業者には、特段の規制がかからないということになります。前払式支払手段についての規制は、その発行を行う発行者に対して預かり資産の保護を中心とする行為規制を課すことに主眼があり、前払式支払手段発行者に対する規制が中心となるため、BCGアイテムを販売するユーザーや、取引を行う場を提供する事業者がいたとしても、例えば商品券が金券ショップで販売されているのと同じく、発行者以外の者は、金融規制の対象とはならないと考えられます。前払式支払手段という整理は、これまで見てきたように、ゲーム内でしか利用できない、特定の相手方に対してのみ使用できるというクローズなもので、原則として払戻しが禁止されますから、このような整理でも特段不都合はないのかもしれません。

これに対し、BCGアイテムが暗号資産に該当する場合には、それをウォレットで預かる事業者も、取引を行う場を提供する事業者も、暗号資産交換業の登録が必要となります。暗号資産を取引市場で販売するユーザーは、自己が保有する暗号資産を販売するだけであれば金融規制の対象となりませんが、業として販売を行う場合には、暗号資産交換業の登録が必要となります。BCGアイテムやNFTアイテムの取引市場は、現在のところ暗号資産交換業の登録を受けて営まれることは想定されていないように思われますが、暗号資産に該当する場合には、暗号資産交換所や取引所がこの担い手となるほかなくなるように思います。

魅力的なBCGアイテムとブロックチェーンゲームの普及に向けて、関係者の取組みと安全かつ適切な市場の構築を期待しています。

※宝箱の鍵事件＝「オンラインゲーム業界の資金決済法対応の解決に向けて」in 第１回情報法制シンポジウム（https://www.jilis.org/doc/conference2017/shikin.pdf）参照。

第6章

現金もしくは現金同等物との交換

第５章でみたように、NFTが２号暗号資産として振る舞う場合は、暗号通貨交換業の登録が求められることになります。そのため、現金もしくは現金同等物との交換を考える事業者が多くなると想定されます。

しかし、従来型のオンラインゲームでは現金売買が禁止されています。その理由は何か、そしてブロックチェーンゲームではどうやって行えるのかについて整理します。

Ⅰ　RMTとは

RMTはReal Money Tradingの略称で、ユーザー同士でアイテム等のゲーム内データを現金売買することを指します。ブロックチェーンゲームが登場するよりも前から、20年以上使われている用語です。

従来型オンラインゲームにおいては、当該ゲーム内でアイテムやキャラクターなどのデータをユーザー間で移動できる機能があることから、ゲーム内の交換にとどまらず、ゲーム外において現金もしくは現金同等物との取引が行われることがあります。

このような行為をRMTと呼んでいます。また、一般的にRMTはオンラインゲームの運営企業によって禁止されています。RMTを目的とした不正アクセスや、チート（いんちき）行為、プログラムの不法な改変、ゲーム外におけるユーザー間トラブルおよび詐欺などを誘発しかねないことがその理由です。

このRMTの禁止については、運営企業単独のみならず、一般社団法人コンピュータエンターテインメント協会（CESA）、一般社団法人日本オンラインゲーム協会（JOGA）等の業界団体でも、RMTに関するガイドラインを制定し、加盟企業へのフォローを行っています。

図表6-1　RMT（リアルマネートレード）

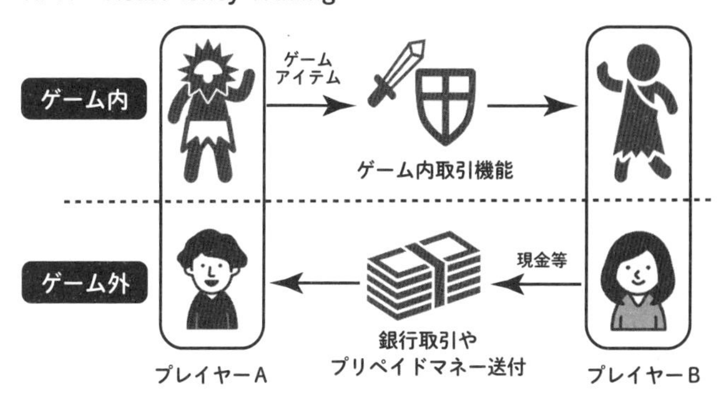

2　RMTとオンラインゲーム

ゲーム内アイテムと現金とを交換する事例は、歴史的にブロックチェーンゲームの登場を待つまでもなく、従来型オンラインゲームが誕生した1990年代後半からすでに存在していました。その頃に登場した商用オンラインゲームとして『風の王国（1996年、ネクソン）』『Diabro（同、ブリザード）』『Ultima Online（1997年、エレクトロニックアーツ）』などがあります。いずれも世界的な人気を得ていましたが、当時のビジネスモデルとしては月額料金制のみが存在しました。

月額料金制の場合、MMORPG（ Massively Multi player Online Role Playing Game 、大規模多人数接続型オンラインロールプレイングゲーム））と呼ばれる人気ジャンルにおいて、ユーザー間で如実に差がつくのは「プレイ時間」と「プレイ中にランダムで入手できたアイテムの性能」です。

どうしても差を埋められないユーザーは、他のユーザーからRMTで「買う」という方法をとることがあります。

何を買うのかというと、何百時間ものプレイによって充分に成長したキャラクターをアカウントごと購入して時間を節約したり、先着順でしか押さえられない「土地と家」をゲーム内で譲ってもらう対価を支払ったり、あるいは初心者ユーザーがプレイを楽にするために上級者からゲーム内で得られるゴールド等を大量に買い求めたり、他人に金銭で操作代行を依頼したりすることがそれに当たります。

図表6-2 RMTで主に売買されるもの

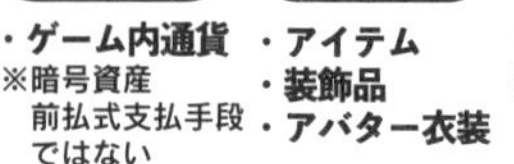

3 RMTが禁止されている理由

各オンラインゲームやその運営企業では、主に下記を根拠として利用規約によってRMTを禁止していることがほとんどです。

(1) RMTによる金品獲得を目的とした詐欺や、不正アクセス、アカウントハッキング等の犯罪・違法行為から利用者を保護するため。
(2) RMTを目的とした利用者間トラブルを防止するため。
(3) RMTを行わないその他の利用者による健全なゲームサービスの利用を保護し、安心・安全にオンラインゲームサービスを提供するため。
(4) オンラインゲームサービス提供会社が企図したゲームバランス等のオンラインゲームサービスの安定した運営を保つため。

(出典：日本オンラインゲーム協会)

RMTを目的とした違法行為やトラブルから利用者を保護するという主旨が窺えます。例えばゲーム内アイテム等を売買しようとした場合、ゲーム内での受け渡しと、現実での金銭の受け渡しの間に、何らの紐付きはありません。「アイテムを渡したが現金が振り込まれない」「プリペイドポイントのコードを教えたが、ゲーム内に取引相手が現れない」といったトラブルが容易に想像できます。

そして利用者間の問題だけでなく、アイテム等の現金取引が巨額で、取引の結果得られたアイテム等がローカルなマーケットで換金可能な場合、国内外でのマネーロンダリングに利用される恐れがないとは言えません。このようなことが起きうる場合には、日本の犯罪収益移転防止法の整理や、政府間機関「金融活動作業部会」(FATF)に確認を行う必要がありますし、そのようになる前に抑止することが必要となります。

4　ゲームの仕様や運用でRMTを抑止する

利用規約で禁止することによって、もし違反者（ここでは現金取引者）が判明した場合に、規約違反を理由にプレイに制限をかけたり、アカウントの凍結等の措置をしたりということが考えられますが、これはあくまで事後の対応となります。

従来型のオンラインゲームでは、前述したように取引されるゲーム内アイテム等と現実での金銭には結びつきがありませんので、できる限り仕様や運用をもって予防や抑止していくということになります。

⑴　トレード機能における一定の条件に基づく制限
⑵　不正なデータ改変の防止
⑶　アカウント調査
⑷　ログイン情報やオンラインゲーム内の取引ログ情報の保存
⑸　オークションサービス、フリーマーケットサービスの調査
⑹　利用者からのお問い合わせ窓口の設置や対応フローの制定
（出典：日本オンラインゲーム協会）

これらに限りませんが、従来型オンラインゲームにおいて「基本無料＋アイテム課金」というビジネスモデルが主流となった現代では、アイテムデータの健全な運用、RMTをさせないということが至上命題となっています。

例えば、RMTが国内の一般層にまで話題となった例は、おそらく2012年のフィーチャーフォン向け人気ゲームにおける、オークションサイトに不正な改変で複製されたデータが多量に出品された件です。このデータはゲーム内ではカード状のグラフィックで表示されたため、オークションサイトの一覧ではカードの絵が並ぶという事態となりました。

いずれも価格が高騰しており、高騰の理由がコンプリートガチャ（絵合わせによる景品データ獲得）による希少性だったため、その後に続く「コンプガチャ騒動」につながりました[13]。

図表6-3　ランダム型アイテム販売とコンプガチャ

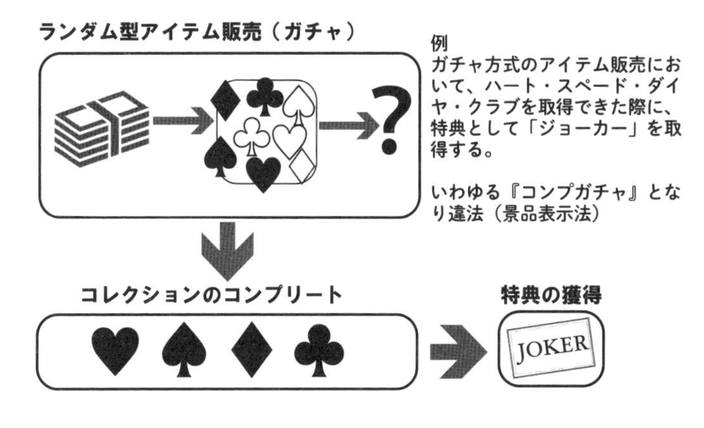

これを発端として、各ゲーム企業は景品表示法の遵守とともに、前頁の(1)にあるようにトレード機能に何らかの制限をかけるなどの対策をしています。また、フィーチャーフォンでゲームを提供していたSNS事業者に至っては、そのSNSプラットフォームを利用するゲームメーカーすべてに対してトレード機能を廃止するよう求めるなどしました。

13）読売新聞2012年５月５日朝刊「アイテム新商法『違法』　消費者庁、中止要請へ」

5 NFTと従来型オンラインゲーム内アイテムの取扱いの違い

RMTを巡っては、前述のように利用者保護への取組みの歴史があります。しかし、サーバー上のアイテム等データの見かけの移動と現金の移動が結びついていないオンラインゲームに比べ、ブロックチェーンゲームはスマートコントラクトによって、NFTの移動と暗号資産の移動を齟齬なく実装できます。不正なデータ改変や複製を防ぐのはブロックチェーンの最も得意とするところです。

さらに、取引によってNFTを暗号資産へと交換した後、現金化をすることができるのは、日本国内では金融庁による許認可事業である暗号資産交換業者に限られています。暗号資産交換業者では口座開設にあたってKYC（Know Your Customer、顧客の本人確認）が必須となっており、いわゆる反社会的組織等の介入を防ぎ、税務上の不審がないよう運営されています。

このため、従来型オンラインゲームにおけるRMTと、ブロックチェーンゲームにおけるNFT取引とは似て非なるものといえ、また、新しい技術を用いたものであることから、ブロックチェーンそのものを定めた法律はなく、資金決済法や消費者取引法ほか関連法規を綿密に参照し、適法に取り扱っていくことが求められます。

図表6-4　RMTとNFT取引

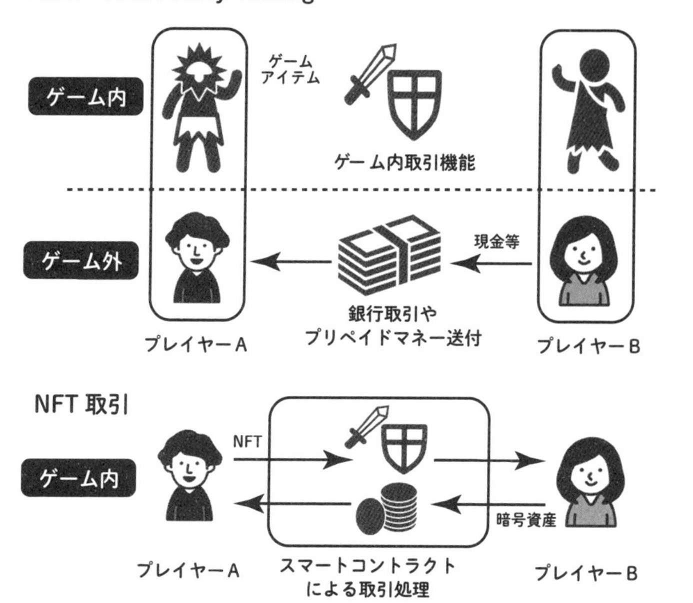

6　NFTと賭博

NFTの取引に関しては、アイテムの発行者であるゲーム事業者が市場の運営に直接的ないしは間接的に関与している場合、ゲーム事業者自身がアイテムの財物性を認めていることになるという解釈も成り立ちうると考えられています[14)]。そのため、アイ

14) アイテムの発行者であるゲーム事業者が市場に関与せず、かつ、アイテムの取引を利用規約等で明確に否定している場合、アイテムの取引はあくまで外部の事業者が行うものであることから、財物性を否定できる可能性↗

テム等の価値が変動する場合、賭博該当性の有無について議論になる可能性があります。

賭博の該当性については明確な規定が存在していないため、確実に賭博に当たらないということを整理することは困難ではありますが、本書を執筆するきっかけとなった「ブロックチェーンゲームの運用に関する検討会」では、有識者との議論の中で、下記のような意見が出ています。

[賭博の構成要件について]
- **アイテム等の価値について損をする人がいなければ該当しない（価値の得喪を考えたときに喪がなければ該当しない）という考え方が賭博該当性の判断基準として存在する。**
- **例えば特定のアイテムについて、購入価格よりも低い金額になることはないようにすることが考えられるが、ブロックチェーンゲームにおいては、ゲーム内アイテムの取引が重ねられる中で取引価格が変動するものであり、価値を維持し続けることは困難である。**
- **なお、この考え方自体が戦前の判例であるため、現時点においてどの程度その判断が適用されるかについては疑問が残る。**

[射幸性について]
- **射幸性が高い、もしくは射幸性を煽るようなものについては、未成年者の高額課金に関する課題など、社会的に影響が大きくなりやすく、賭博の該当性についても議論が波及しやすい。そのため、**

↘がある。
ただし、従来のオンラインゲームでは利用規約に違反した利用をしている場合、当該アイテムの利用を禁じることができたが、ブロックチェーンゲームにおいて外部にアイテムが移動するような場合にはアイテムの利用を禁じるところまではできない。そのため、客観的な価値が残るために財物性が否定できないという意見もある。

射幸性を煽るような実装については控えた方が良いという意見がある。

- **例えば有料ガチャの中でも、その時点でゲーム内において高い価値を持ち、価格として高額で取引されるような場合については、賭博に当たる可能性が指摘される。ある特定のアイテムが当たるまで相当額をつぎ込む人が出るようなものについては、問題視されやすく、避ける必要があると考えられる。**

後述する有識者のコラムに詳細がありますが、有識者の間でも意見が分かれている課題ですので、これらの意見を踏まえた上で、各事業者で適法な取引ができる環境を作っていくことが重要となります。

COMMENT　ブロックチェーンゲームと賭博罪

亀井　源太郎

1　本コラムのねらい

BCG（ブロックチェーンゲーム）は、ゲーム内で購入等されるアイテム等が取引等されることを特徴とすることから、ゲーム内で行われる有料ガチャが賭博罪に該当するとの指摘もあります。

以下では、そのような指摘を概観した上で、BCG上の有料ガチャの賭博罪該当性を検討し、賭博罪に該当しないとの解釈を試みます。

2　消費者委員会意見

平成28年９月20日、消費者委員会は、「スマホゲームの電子くじと賭博罪との関係」について、「電子くじで得られたアイテム等を換金するシステムを事業者が提供しているような場合や利用者が換金を目的としてゲームを利用する場合は、『財産上の利益』に該当する可能性があり、ひいては賭博罪に該当する可能性が高くなると考えられる」との意見を公表しています（消費者委員会「スマホゲームに関する消費者問題についての意見」）。

いわく、「スマホゲームで見られる電子くじは、専らゲームのプログラムによって排出されるアイテム等が決定されることからすれば、……『賭博』にいう『偶然性』の要因を満たしている」、「アイテム等については『財産上の利益』に当たる場合もあり得る」とし、「ひいては賭博罪に該当する可能性が高くなる」とするのです。

この消費者委員会意見はBCG上の有料ガチャを検討したものではありませんが、同意見に言及しつつ、BCG上の有料ガチャが賭博罪に該当しうるとする指摘が、インターネット上に散見されます。

3　賭博罪の客観的構成要件

もっとも、消費者委員会意見における前掲のような指摘には疑問もあります。

賭博罪の実行行為は「賭博をした」ことですが、この「賭博をした」とは、①「偶然の勝敗により」②「財物を賭けて」③「その得喪を争う行為をした」ことを意味します。

消費者委員会意見は、この3要件のうち①・②については検討していますが、③について検討していません。そして、後述のように、BCG上での有料ガチャ等は、③「得喪を争う」要件を満たさない可能性があります。

このため、有料ガチャには賭博罪が成立しないと解する余地があります。

少し丁寧に敷衍しておきましょう。

①「偶然の勝敗により」とは、勝敗が偶然性によって決定されることをいいます。客観的に確定していても当事者にとって不確定であればよいとされます（過去の天気を当てる賭け等。大判大正３年10月７日刑録20輯1816頁）。

②「財物を賭けて」要件の「財物」とは、財産上の利益一般をいいます。有体物や管理可能な物（電気等）のみならず、債権等も含まれます（ただし、飲食物やタバコを賭ける程

度の、一時の娯楽に供する物を賭けた場合は賭博罪は成立しません。185条ただし書)。

③「その得喪を争う」とは、勝者が財産を得て、敗者がこれを失うことをいいます。当事者の一方が財物を失うことがない場合はこれに該当しないとされます(大判大正６年４月30日刑録23輯436頁、大判大正９年10月26日刑録26輯743頁、大判昭和８年12月22日刑集12巻2417頁)。また、胴元が客から金銭等を得て、その合計額の範囲内の価格の金品を与える射倖行為は、金銭等の所有権が胴元に移転すると構成され、「得喪を争う」に該当しないとされます(このような構成によれば、客同士が財物の得喪を争う関係にないこと、胴元は財物を失わないため敗者が存しないことがその理由です)。賞金付きのコンテストや競技、競争的資金・援助、成功報酬、福引・懸賞についても、得喪を争うものでないとして賭博罪該当性を否定する学説があります。

4　BCGの賭博罪該当性

前述のように消費者委員会の意見は、①・②要件についてのみ検討していましたが、③要件については論じていません。

たしかに、BCG上の有料ガチャは、①・②の要件は満たしうるでしょう。偶然性を排除したガチャはあり得ないため①「偶然の勝敗により」アイテムを得る面は否定できませんし、②アイテムを換金可能とする限り、アイテムに財産的な価値が生ずることも当然です(なお、アイテムの取引価格を抑えたとしても、②要件を充足すると解される可能性が高いでしょう。BCGではアイテムの換金が容易であってアイテムと金銭は

「ニアリー・イコール」であるところ、判例は金額の多少に関わらず金銭そのものの得喪を争う場合は一時の娯楽に供するものではないとしているからです)。

③「得喪を争う」とは、「勝者が財産を得て、敗者がこれを失うこと」ですが、勝者と敗者が存しなければ、この要件は充足されません。

では、BCG上のガチャについて、勝者・敗者を観念できるのでしょうか。

結論から述べれば、アイテムの換金にゲーム事業者が関与していない限り、勝者・敗者(のいずれか、あるいは、双方)が観念できないように思われます。

ゲーム事業者が換金に関与していない場合を、さらに、有料ガチャの結果、ユーザーがガチャの代金よりも市場価値が高いアイテム(以下、「高額アイテム」)を得た場合と、ガチャの代金よりも市場価値が低いアイテム(以下、「低額アイテム」)を得た場合に分け検討しましょう。

このうち、高額アイテムを得た場合、勝者はアイテムを購入したユーザーと一応観念できるかもしれません。しかし、敗者は存するでしょうか。ゲーム事業者は、アイテムをゲーム事業者が買い戻す形で換金する仕組みでない限り、損失を負うわけではありません。他のユーザーも同様です(当該ユーザーが当該アイテムを換金しても、他のユーザーの財産が減少するわけではないのです)。

このため、ガチャの結果高額アイテムが出たとしても、少なくとも敗者が観念できず、「得喪を争う」要件は充足されません。

また、ユーザーがガチャにより低額アイテムを得た場合、勝者も敗者も観念しがたいのです。ゲーム事業者は勝者でしょうか。どのようなアイテムが出てもゲーム事業者の取り分は変わらないため、ゲーム事業者を勝者と観念することはできません。また、ユーザーが、有料ガチャの結果、財産の一部を失っていると解することも不可能ではありませんが、アイテム自体は手元に残ることから「敗者」とはいえないようにも思われます。

このように、アイテムの換金にゲーム事業者が関与していない場合、いずれのパターンでも、勝者あるいは敗者の少なくとも一方が存在しないため、「得喪を争う」とはいえず、賭博罪には該当しないこととなります。

なお、アイテムの換金にゲーム事業者が関与している場合、③「得喪を争う」要件は充足されます。ゲーム事業者とユーザーとの間に、勝者・敗者の関係が成り立つからです。このため、ゲーム事業者が換金に関与する場合には賭博罪が成立しうることは留意すべきです。

5　結　論

上述のような考え方によれば、アイテムの換金にゲーム事業者が関与しない限り、BCGゲーム上の有料ガチャは③「得喪を争う」要件を充足しません。このような解釈によれば、ゲーム事業者が換金に関与しない形態での有料ガチャは、賭博罪に該当しないと考えることもできるでしょう。

本稿では有料ガチャを念頭に置いて賭博罪該当性を検討しましたが、上述したところは購入したアイテムを売却する取引や、レベルアップ・合成等によって価値が変動したアイテムを売却する取引についても妥当します。これらの場合でも換金にゲーム事業者が関与しない限り勝者・敗者を観念できないからです。

なお、賭博罪は射倖性が高いもののうち一部の行為を処罰するに過ぎないため、ガチャについて賭博罪が成立しないとしても、なお当該ガチャは射倖性が高い場合があります。このため、賭博罪に該当しないとしても、消費者保護、とりわけ未成年ユーザーの保護の視点が不可欠です。

COMMENT ブロックチェーンゲーム事業者がRMTを実施する際の注意点

森 亮二

1 RMTを行う際に、検討・注意すべき観点

BCG（ブロックチェーンゲーム）においてRMTを提供するにあたって、事業者が検討・注意すべき点として、①賭博該当性への配慮と②ユーザーへの保護施策等の在り方の２点があると考えています。

まずは、①賭博該当性への配慮です。

従来のオンラインゲームでは、ゲーム事業者はRMTを認めておらず、業界としても防止していました。そのため、従来のオンラインゲームにおいて賭博該当性への配慮に、そこまで強い注意を払う必要はありませんでした。しかし、BCGにおいては、ゲームアイテム等のRMTが可能になることが一種の特徴になっています。そのため、RMTをBCG事業者が提供する形となります。

BCG事業者には、BCGの射幸性を下げる取組が必要となります。射幸性を下げる取組の例としては、BCGアイテムの取引において、取引金額の上限を課すなどが考えられます。お金をかけて獲得したアイテムが高額転売できてしまうと賭博該当性が認められる可能性が高くなるため、当該リスクを回避するためにも事業者にとっては必要な取組です。

RMTへの対処にあたっては、現在のRMTと賭博についての考え方がBCGにも適用されると思います。

この文脈でしばしば引き合いに出されるパチンコは、三店方式（パチンコ店・景品交換所・景品問屋の3つの業者が独立して存在することにより玉の換金が実現する仕組み）を論拠として玉の換金を実施していますが、当該三店が存在しないと賭博罪として立件されます。また、三店方式においては、この３つの主体が「無関係である」という「建前」を維持するために様々な工夫がなされていることに注意が必要です。仮にBCGが正面からRMTを認めるのであれば、三店方式の考え方に依拠することができないため、現状では賭博リスクを完全に回避することはできないということになります。

BCGの事業者をまたがってアイテム等を利用することができる特徴は、従来のオンラインゲームで検討・整理されていた対処策などとは異なる性質を有するため、独立した課題として扱うことが求められます。

アイテム等が他のBCGのアイテム等と交換できる場合、交換後のアイテム等の換金についても賭博リスクがあることになります。

次に、重要なことは、②ユーザーへの保護施策等の在り方です。

上述の通り、アイテム等の交換を本質とするBCGにおいては、ユーザーとの適切な関係を構築することが重要になります。特に、景品表示法第5条の優良誤認表示・有利誤認表示の禁止には、注意を払う必要があります。そのため、提供するアイテム等が市場価値の高いもの、市場価値が上がるものとして認識されるような見せ方を事業者は避けるべきです。そして、別のBCGで当該アイテム等が使用できると記載・表示する場合は、確実に使用できる状態になっていることが必要です。説明及び履行責任を適切に果たし、きちんとユーザーに説明することがユーザーへの保護施策等において、最も肝要です。

もちろん、従来のオンラインゲームと比較して、ユーザーに対するBCGの適切な説明は困難になりますが、アイテム等が経済的価値を有することを「売り」にする以上、その内容を正しく認識してもらうことが重要です。当該説明において、価格が高いアイテム等については、金融商品の規制を参考にすることも考えられます。

また、事業者やBCGの枠を超えてアイテム等が利用できるBCGの特徴を利用規約に記載するのと同時に、流通先となる事業者と連携しておくことも求められます。リエゾン可能な事業者と適宜情報連携を図り、ユーザーに対して一貫した対応を行えるようにしておくことが重要となります。「これこれのBCGのアイテム等と交換できます」と表示したのに、そのBCGを運営する事業者の事情で交換できなくなったりする事態は避けなければなりません。

また、アイテム等の取引に起因するトラブル事例などを事業者間で共有することも有効的だと考えます。これは、個社のみならず業界全体としてのユーザー保護施策にも通じることでしょう。

2　今後について

今後、BCGの市場が拡大しても、RMTに伴う賭博該当性の問題は、切り離すことはできず、ついて回ることでしょう。アイテム等が換金可能なBCGは、それ自体が現行の法制度などのグレーゾーンに踏み込んでいる新しいゲームサービスで、今後の法改正やガイドライン策定等を経て初めて安全になる領域であると考えます。そのため、BCG市場の拡大に向けた今後の課題としては、法改正やガイドライン作成などによるグレーゾーンの解消が最も重要だと考えています。

現在、ガチャのようなアイテム等の規制は、景品表示法の「カード合わせ」の考え方を用いていますが、これも法政策的には適切とはいえないでしょう。アイテム等は本来、景品ではなく、サービス・商品そのものであるからです。

そのため、射幸的取引それ自体に着目し、その適否を検討していくことが重要になると思います。法律により、禁止される射幸取引のラインをはっきりすることができれば、ゲームデザインもしやすくなり、更なる発展が望めると思います。

第7章

青少年が利用する際の対応

ブロックチェーンゲームでは、アイテム等の現金もしくは現金同等物との交換が可能になります。そのため、ゲームの広告宣伝方法によっては、青少年の利用を制限する必要があるのではないかという意見があります。

ただし、未成年の保護については、CESAにおいて「未成年の保護についてのガイドライン」が発行されているなど、従来型のオンラインゲームにおいても検討されていることから、一義的にはそちらを参照することが望ましいことになります。

1 未成年の保護についてのガイドライン

CESAの未成年の保護についてのガイドラインは、未成年がスマートフォンからインターネットを介してプレイすることができるゲーム全般について、安心して利用できる環境整備を行うためのガイドラインです。

このガイドラインでは以下の3項目について定めています。

- **保護者の同意等に関する事項**
- **未成年の課金に関する事項**
- **ユーザーからの問い合わせに関する事項**

ブロックチェーンゲームとの関係においては、特に課金に関する事項が重要となります。このガイドラインでは初回課金時、もしくは予め設定された課金上限を超えようとしたときに、ユーザーが成人であるかどうかを確認し、未成年の場合には課金上限等を設定することを求めています。

ブロックチェーンゲームでも課金要素は存在すると考えられま

すので、2022年４月の民法改正による成人年齢の引き下げもふまえ、この点についてはきちんと参照しておく必要があります。

2　ブロックチェーンゲーム特有の課題

ブロックチェーンゲーム特有の課題はあるのでしょうか。

例えばブロックチェーンゲームとして、本書では「主にブロックチェーンを利用して、ゲームとして楽しめる作品」を想定して検討を行っています。しかし、ブロックチェーンゲームには様々な種類があり、NFTの取引を通じて一攫千金を狙うようなものについては、そもそも青少年がプレイしてよいものではなくなるのではないかという指摘があるところです。

また、獲得したアイテム等が高額で売れてしまうということについて、問題視する意見もあります。

未成年者（特に青少年）の利用を許容する場合は、当該アイテム等の高騰が過度な射幸性をもたらすことのないよう、売買可能アイテムの市場価格と取得方法及び取得に要する現金等の総合的なバランスをとり、過度な射幸性を有することがないようにすることも重要です。例えば、未成年はアイテムを売れない、もしくは未成年が売る場合は価格に上限がついているということになれば、ゲーム外部にブラックマーケットを作り出すなどの問題が生じかねませんので、その点を考慮する必要があるためです。

なお、現時点の暗号資産交換業においては、未成年者の利用を認めている事業者は少ない状況にありますので、このような環境が続く限りにおいてはあまり問題にはなりにくいというところではあります。

取引されるNFTの金額が高額になることについては、第６章で検討した賭博に関する部分の判断にも関連してきます。有識者からは青少年保護独自で考えるのではなく、ユーザー全体に関する問題として検討する必要があると指摘されており、ゲーム提供事業者としてこの点は十分に検討した上でゲームを作る必要があります。

COMMENT　ブロックチェーンゲームと青少年の適切な利用範囲

上沼　紫野

1　青少年の適切な利用に向けた課題

青少年による安心・安全なブロックチェーンゲームの利用において、事業者が検討しなければならないのは、ブロックチェーンゲームがゲーム外におけるゲームアイテムなどの取引を認めている点だと思います。従来のオンラインゲームでは、未成年のゲーム内における高額課金などが主な問題となっていました。そのため、未成年の利用において保護者の同意を求める、ゲーム内の課金額の上限を設定するなどの対策が講じられています。ブロックチェーンゲームにおいても同様の取組・対策を実施する必要があると思います。

これとは別に、ブロックチェーンゲームのゲームアイテムなどの取引を認めることに起因する、アイテムが高額で取引される可能性やゲーム外における取引市場の存在などの特有の課題について、事業者は新たに対策を講じることが必要になるのではないでしょうか。アイテムなどの取引が可能なことで、青少年がブロックチェーンゲームを通じて金銭を稼ぐことが可能です。そのため、ブロックチェーンゲームが誤った目的で利用されてしまうリスクがある点も事業者は留意しなければなりません。

2　青少年の適切な利用にむけた取組

⑴　ブロックチェーンゲーム提供事業者による健全な取引市場の提供・推奨

青少年によるブロックチェーンゲームの適切な利用を確保するためには、青少年のブロックチェーンゲームのプレイを認めつつも取引市場の利用を認めないという方法も、短絡的には考えられます。しかし、アイテムなどの取引市場の利用を認めず利用範囲など制限してしまうと、違法または非公式な取引市場が利用されてしまいます。青少年がこのような“闇”市場を利用してしまう問題が発生してしまうことを踏まえると、事業者にとっては、公式の取引市場を利用してもらう方が問題は少なく一定程度のリスクヘッジも可能なのではないでしょうか。

事業者が公式の取引市場を提供し、これを利用してもらうためには、アイテムなどの価格が高騰しすぎないような仕組みを実装するなどによって、市場全体の健全性を管理することが重要でしょう。闇市場の存在に伴う問題などを完全に防ぐことは困難ですが、健全な取引市場が存在すれば、これらの問題の発生はある程度防ぐことが可能です。事業者としては、アプローチの対象を、健全な取引市場が存在するにも関わらず闇市場を意図的に利用する青少年ではなく、事業者などの対策・取組によって闇市場の利用をやめる青少年とした上で、しっかりとした対策を講じていくことが、青少年保護の観点から重要な取組だと思います。

ブロックチェーンゲームを提供・販売する事業者が提供する公的な取引市場以外についても、何らの対応は必要でしょう。ブロックチェーンゲームの進展などに伴い、ブロックチェーンゲーム自体は提供せず、ゲームアイテム等が取引可能なマーケット機能のみを提供する事業者によって運営される取引市場、つまりサードパーティが提供する取引市場が今後出てくることが考えられます。そして、これらの“第三者による”取引市場を青少年が利用することによって、様々な問題が発生する可能性が考えられるため、ブロックチェーンゲーム事業者は、第三者による取引市場についても対策を行うことが必要とされるでしょう。ブロックチェーンゲーム事業者が実施することが望ましいと考えられる、第三者の取引市場に関する対策は、優良な事業者または健全な取引市場を青少年のユーザーに発信・推奨することではないでしょうか。ブロックチェーンゲーム事業者は、第三者によって提供される闇市場での取引を禁止することはできません。しかし、優良な事業者によって提供されている市場または健全な取引市場を公式で発信・推奨することによって、安心・安全な取引市場の利用を青少年に啓発することが可能となります。また、推奨することによって、その対象となった取引市場の利用者が増加し、当該取引市場を提供・運営する事業者にもメリットを与えることが可能です。そのため、取引市場を提供する第三者の事業者とブロックチェーンゲーム事業者が協力関係を構築しつつ、青少年保護に向けた取組を効果的に実施することができます。取引市場を提供する事業者と協調しつつ、効果的に健全な取引市場での青少年の利用を促すことで、闇市場での利用へと青少年が流れないように設計していくことが今後より重要となるでしょう

⑵ 未成年ユーザーのフラグ表示機能の設置

安心・安全なブロックチェーンゲームや取引市場の利用環境を確保するにあたっては、未成年のユーザーか否かのフラグ表示を事業者に課すことが重要です。これは、未成年のユーザーを守るとともに、意図せず未成年のユーザーと取引をしてしまうユーザーがリスクを負うことを回避することにも寄与します。この取組は、メルカリなどのC2Cサービスでも実施されています。ブロックチェーンゲームにおいても、ユーザー間でのやり取りが発生しユーザーが取引等に関する責任を追及される可能性がありますので、ユーザー保護の観点から未成年ユーザーのフラグ表示機能を実装するなどを通じて、未成年の利用に配慮したブロックチェーンゲームまたは取引市場を設計できると思います。これらの設計にあたっては、韓国のような登録制も1つの方法ではありますが、国・文化に応じた施策をとるべきだと思います。今後のブロックチェーンゲームの市場状況・動向を踏まえつつ、ユーザーの法的権利能力に焦点をあてて、日本の状況に合ったアプローチを検討することが重要です。

未成年のフラグ表示機能の実装に関しては、年齢詐称が問題となることがあります。これらの詐称のリスクを軽減するために、（従来型オンラインゲームでも実施されていますが、）ユーザー登録時に生年月日を記載させるなどのシステム設計をある程度工夫することが効果的でしょう。

(3) ユーザー間コミュニケーションのモニタリング、通報機能の設置

ユーザー間によるアイテム等の取引が認められるブロックチェーンゲームでは、チャット機能などを通じたユーザー間のコミュニケーションが発生する可能性があります。コミュニケーションを許容すると、青少年保護の観点から、ソーシャルメディアサービスと同様の問題がブロックチェーンゲームでも発生することになります。そのため、ソーシャルメディアサービスを提供している事業者と同様の取組がブロックチェーンゲーム事業者にも必要になってくると考えられます。対応策として、ユーザー間コミュニケーションのモニタリングなどを実施することが考えられますが、ユーザー間のコミュニケーションを逐一管理することは事業者にとって大きな負担でもあります。特に、ブロックチェーンゲームはベンチャーなどの事業者が提供していることが多いので、これらの負担が、今後のブロックチェーンゲーム市場の拡大などに大きな影響を与える可能性があることも考慮する必要があります。これらを考慮すれば、対象となるゲームの未成年による利用状況を鑑み、モニタリングの実施を必須とはしないものの、最低限として通報機能を設置するなどの取組をブロックチェーンゲーム事業者に義務付けることが必要だと考えます。事業者は、ブロックチェーンゲーム提供にあたって、チャット機能などがこのような違法な使われ方がされることをリスクとして認識し、青少年保護に向けた取組を検討・実施することが重要でしょう。

3　まとめ

青少年の保護の観点からは、ブロックチェーンゲームがゲーム外でのアイテムなどの取引が認められている点が様々なリスクを発生することが危惧されますが、青少年保護に関する従来の対策や取組などを組み合わせることで、一定の対応ができると考えられます。

健全な取引市場の提供・推奨や未成年ユーザーのフラグ表示機能の設置などの従来から行われてきた取組を実施していくことは、ブロックチェーンゲームを提供する上で必要な取組だと思いますが、ブロックチェーンゲームの青少年による実際の利用状況などを踏まえつつ、安心・安全にブロックチェーンゲームを利用できる環境の整備に向けた方策を継続的に検討していくことが、今後の市場拡大にとって必要不可欠だと思います。

第8章

ブロックチェーンゲームに関するガイドライン

2021年5月に、一般社団法人 コンピュータエンターテインメント協会（CESA）、一般社団法人 日本オンラインゲーム協会（JOGA）および一般社団法人 モバイル・コンテンツ・フォーラム（MCF）によって「ブロックチェーンゲームに関するガイドライン」が公開され、同年7月に施行されています。

本書にて解説してきた内容とともに、是非ご参照ください。

1．基本理念・目的

- 昨今、ブロックチェーン技術を応用してゲーム内アイテムを管理することができるゲームが登場してきている。
- これらのゲームは、ゲーム内コンテンツを他のユーザーとの現金やイーサリアム等の暗号資産と交換することができる機能や、1つのゲームだけではなく複数のゲームでアイテムを管理するための識別子（トークン）を共用する機能など、従来のオンラインゲームとは大きく機能が異なり、新たな遊び方の可能性を有している。
- このようなゲームに対して、従来のオンラインゲームを前提として定めてきた当協会の各ガイドラインはそのまま適切に適用できない部分も生じており、また新たな機能や遊び方を踏まえて、ユーザーが安心・安全に遊ぶことができるために新たに必要となる観点についての指針が求められている。
- 本ガイドラインは、ブロックチェーンゲームを適正に運営・提供することにより、ユーザーに安心、安全にゲームを楽しんでもらい、健全な市場成長や充実したユーザープレイ環境構築のベースになることを目的とする。
- 一般社団法人 コンピュータエンターテインメント協会（CESA）、一般社団法人 日本オンラインゲーム協会（JOGA）および一般社団法人 モバイル・コンテンツ・フォーラム（MCF）（総称して本ガイドラインにおいて「当協会」という。）は必要に応じて、随時の見直しと更新をしていく。

- 本ガイドラインは、ブロックチェーンゲームの提供者による具体的な実装方法や注意点を明らかにするために、細則を定めることがある。
- 当協会及びブロックチェーンゲームの提供者は、本ガイドラインの業界内外の理解を深めるための啓発活動を積極的に行っていく。

2．本ガイドラインの適用範囲

⑴　本ガイドラインの適用範囲は、ゲームにおけるアイテム等のデジタルデータにブロックチェーン技術を用いるとともに、そのデジタルデータの交換が可能なゲーム（本ガイドラインにおいて「ブロックチェーンゲーム」という。また、ブロックチェーンゲームにおける当該交換可能なデジタルデータを「売買可能トークン」という。）とする。

⑵　当協会が定める本ガイドライン以外のガイドライン（今後定めるものも含む）は、当該ガイドラインに定める適用範囲に含まれる限り、ブロックチェーンゲームにも適用する。

　ただし、CESA「リアルマネートレード対策ガイドライン」および JOGA「オンラインゲーム安心安全宣言」のリアルマネートレード禁止の規定についてはブロックチェーンゲームには適用しないものとし、本ガイドラインが適用されるものとする。

3．賭博罪等に関する事項

ブロックチェーンゲームの提供者は、有償ガチャのように、有償で得られる売買可能トークンが偶然によって選択される仕組みとする場合、ユーザーは賭博罪、ゲーム提供者は賭博場開張図利罪又は富くじ罪に該当する可能性があることに十分留意するものとし、これらに該当しないように、弁護士その他の専門家に確認のうえで、慎重に設計すること。

4．射幸性に関する事項

ブロックチェーンゲームの提供者は、ゲーム内コンテンツを他のユーザーとの現金やイーサリアム等の暗号資産と交換することができる機能や、１つのゲームだけではなく複数のゲームでアイテムを管理するための識別子（トークン）を共用する機能（以下「共用サービス機能」という。）をブロックチェーンゲームに組み込むことができる。ただし、ゲームとして射幸性が高くなり、意図しない高額課金を繰り返す事態は安心・安全なゲーム提供の理念を害する懸念が生じる。このため、売買可能アイテムの市場価格と取得方法及び取得に要する現金等の総合的なバランスをとり、過度な射幸性を有することがないようにする。

5．景表法その他の適法性に関する事項

ブロックチェーンゲームの提供者は、景品表示法を遵守し、十分な事実確認と表示内容が真実であり誤認させない適切な表示であることを確認したうえで表示する。特に、共用サービス機能に関する表示を行う場合には、サービス主体及び責任の所在についての誤認が生じやすいため一層の注意を要する。

6．前払式支払手段に関する事項

ブロックチェーンゲームにおけるゲーム内コンテンツの前払式支払手段該当性については、従来型オンラインゲームと同様に考えることができ、この判断は当協会が定める「ネットワークゲームにおける前払式支払手段に関するガイドライン」に則って行うものとする。

ただし、当該ゲーム内コンテンツがゲーム内において決済（代価の弁済）のために利用できず、権利行使性を有さない場合であっても、ブロックチェーンゲームの提供者自ら又は第三者と共同して提供する共用サービス機能において決済機能を有する場合には、権利行使性を有するとして、前払式支払手段に該当する可能性がある。

ブロックチェーンゲームの提供者は、発行するゲーム内コンテンツが前払式支払手段に該当する可能性がある場合には、弁護士その

他の専門家に確認のうえで、必要に応じて資金決済法に基づく届出又は登録を受けたうえでこれを行う。

7．暗号資産に関する事項

売買可能トークンが決済の手段として使用されている場合（ゲーム内通貨のような使用形態の場合など）、売買可能トークンと暗号資産との交換機能を有している場合には、売買可能トークンの発行者または取引市場の運営者において暗号資産交換業としての登録が必要となる可能性がある。

ブロックチェーンゲームの提供者は、これらに該当する可能性がある場合には、弁護士その他の専門家に確認のうえで、必要に応じて資金決済法に基づく暗号資産交換業の登録を受けたうえでこれを行うこと。

8．サービスの説明に関する事項

ブロックチェーンゲームの提供者は、ゲーム内アイテムとしての利用方法や関連するサービスの内容についてユーザーに対し十分説明すること。

9．取引・トークン管理の透明性に関する事項

ブロックチェーンのプログラム上、ブロックチェーンゲームの提供者または特定のユーザーによる売買可能トークンの恣意的な改変や運用が不可能とする仕組みとする。

以　上

2021年5月6日制定

2021年7月1日施行

おわりに

最後までお読みいただき、ありがとうございます。

本書でとりあげたブロックチェーンゲームと従来のオンラインゲームとでは、前提が大きく異なり、ゲームや事業者を越えてアイテムやキャラクターなどのNFTを交換することができたり、NFTを暗号資産に換え、さらに暗号資産取引所で現金に換えることができたりします。

そのため、従来のルール通りに行うことができるか、法的には解釈が難しい分野となっておりました。

本書を作成するにあたっては、ブロックチェーンゲームやNFTの取引機能を持ったサービスにてビジネスを行う際に、新たな分野に特有のリスク要素が多いことから、事業者が萎縮することなく一定の解釈の指針となることができるように、一方でユーザーである消費者を最大限保護できるように、検討しています。

ブロックチェーン技術を活用したオンラインゲームをとりまく最近の動向についてはできる限りわかりやすく、ブロックチェーンゲームを運営する際に避けては通れない法的な課題については、様々な観点での解釈が出うる箇所に有識者による詳細な解説をさし挟む形で構成いたしました。

NFTを巡る状況は時々刻々と変化しています。当初、NFTの取引に関する議論で着目されていたのはゲームのアイテムでしたが、2021年にはより一般的なデジタルコンテンツのNFT化とその売買が活発になり、高額での取引も多く行われるようになっています。近年のメタバースの躍進も踏まえると、さらにNFTが利活用される場面は拡大していくと考えられます。

本書を通読いただけるとわかると思いますが、ブロックチェーンを活用したゲームの提供、NFT取引を行うマーケットの開設、NFTを発行する際など、NFTやメタバースに関するビジネスを展開する際には、様々な解決しなくてはならない課題があり、簡単にビジネスを開始できるわけではありません。

このようなビジネスをする際の課題を把握し、解決策の検討をする際の参考として、本書が役立てれば幸いです。

編著者　福島直央

監修者より

(1)　ブロックチェーン技術は様々な可能性を生み出しています。われわれ普通の市民がこの言葉に触れたきっかけは、ビットコインやイーサリアムなどの仮想通貨（暗号資産）が話題となった際に、その根幹を支える技術として紹介されたときです。

その後、ブロックチェーンによって実現されるNFT（非代替性トークン）は、通常であれば複製の容易なデジタルデータについて、その唯一性を保証する技術であることから、Twitterの共同創始者であるジャック・ドーシー氏の最初のツイートをNFTにしたものが、約3億円で落札されたとの報道がありました。また、有体物としての絵画ではないデジタルアートをNFTにした美術市場が立ち上がっています。これらは、その唯一性を根拠に当該デジタル資産の価値を保全できるとともに、将来の値上がり益も見込むことができる資産運営方法の1つといってよいでしょう。

NFTは、さらに、オンラインゲームの世界にも取り入れられ、いわゆるブロックチェーンゲームが提供され始めています。ゲームのキャラクターやアイテムがNFT化されることによって、いろいろなメリットが出てきます。

①　例えば『クリプトキティーズ』のように、NFTであることによる唯一性からキャラクターのデザインに個性を持たせたゲームを作り出すことができます。

②　Aというゲームで育てたキャラクターや入手したアイテムを同じゲーム事業者、あるいは他社が提供しているBというゲームに移動させて引き続きプレイすることが可能になるの

で、ゲームの世界が広がります。

③　Aというゲームの提供が運営会社の都合で終了するような場合に、閉じたゲームの世界であればユーザーはキャラクターやアイテムをもはや使うことはできなくなるところ、別のゲームで引き続きプレイすることができます。

④　ゲームのキャラクターをゲーム外で他のユーザーに譲渡することができます。譲渡は無償でも有償でも可能です。有償の場合は、リアルマネートレード（RMT）が行われていることになります。

⑤　強力に育ったキャラクターや希少なアイテムであれば、高額での譲渡が見込めることから、ゲーム内での価値だけではなく、ゲーム外での資産性も出てきます。

⑵　このようなブロックチェーンゲームの特徴は、従来のオンラインゲームにおいて議論されていた法律上の論点、消費者保護上の論点に加えて、さらに検討すべき新たな論点を付け加えることになります。

そこで、一般財団法人情報法制研究所では、2020年１月から６月まで、５回にわたり、研究者、弁護士、ゲーム関係事業者団体（CESA、JOGA、MCF）をメンバーとし、「ブロックチェーンゲームの運用に関する検討会」を開催しました。本書は、検討会の「取りまとめ」（2020年８月31日）をもとに一般読者向けに再構成したものです。

検討会では、①転々流通するNFTであるアイテムについての権利関係、②ユーザーと当初のゲーム事業者との関係（ゲームの終了など）、ユーザーとアイテムを移転したゲーム事業者との関係（プレイ可能性など）、③資金決済法上の前払式支払手段との関係、④資金決済法上の暗号資産との関係、⑤リアルマネートレードが可能となることによるマネーロンダリングや射幸性、賭博との関係、⑥景品表示法上の問題、⑦青少年保護（高額課金など）や不正取引の問題などが議論されました。各論点にてついては、本書の該当部分をお読みください。

⑶　上記検討会にも参加していたコンピュータエンターテインメント協会（CESA）、日本オンラインゲーム協会（JOGA）、モバイル・コンテンツ・フォーラム（MCF）の３団体は、共同で、「ブロックチェーンゲームに関するガイドライン」を2021年５月に制定しています。

従来のオンラインゲームとの違いとして、リアルマネートレードを禁止しないとする一方で、有償で得られる売買可能トークンが偶然によって選択される仕組みとする場合はユーザーには賭博罪、ゲーム事業者には賭博場開張図利罪や富くじ罪に該当する可能性を留意することや、ゲーム内コンテンツがゲーム内において決済のために利用できない場合であっても、ゲーム事業者自らまたは第三者と共同して提供する共用サービス機能において決済機能を有する場合には、前払式支払手段に該当する可能性があること、売買可能トークンが決済の手段として使用されている場合には暗号資産交換業として登録が必要となる可能性があることなどが定められています。

⑷　ゲームアイテムがNFTになることから、ゲーム外でのアイテム取引が可能となり、アイテムの資産性が高まります。そのため、高値転売を目的として、ゲームのキャラクターを育成したり、希少アイテムを収集するユーザーも出てくるでしょう。

しかし、ゲーム事業者として、このような点を強調したマーケティングは避けなければなりません。さもないと、本書で検討している前払式支払手段該当性、暗号資産該当性、射幸性などが高まり、法律に抵触する可能性が出てくるからです。また、青少年保護の点からも問題となります。

ゲーム事業者としては、NFTを、他のゲームで利用できるということを含めて、ゲームの楽しさを高める方向で活用するために知恵をしぼっていただきたいと思います。ゲームの終了・休止にあたって、消費者の不利益をできるだけ小さくする手法としても有益でしょう。資産性は、結果として付いてくることにすぎません。

2022年1月

監修者　松本恒雄

●監修者紹介

松本　恒雄（まつもと・つねお）
一橋大学名誉教授、早稲田大学理工学術院総合研究所客員上級研究員。1974年 京都大学法学部卒業。広島大学、大阪市立大学を経て、1999年 一橋大学法学研究科教授。日本消費者法学会理事長（2008年～2014年）、内閣府消費者委員会委員長（2009年～2011年）、独立行政法人国民生活センター理事長（2013年～2020年）等の要職を歴任。2020年 池田・染谷法律事務所客員弁護士。

●編著者紹介

澤　　紫臣（さわ・しおん）
アマツ株式会社 取締役、しおにく企画LLC 代表。日本オンラインゲーム協会にて数多くのガイドライン作成に関わる。地方自治体顧問、作家という側面も持ち、一般誌に近未来社会を舞台とした小説を月刊連載しているほか、著作として、『ブロックチェーン・ゲーム 平成最後のIT事件簿』『きみに恋の夢をみせたら起きるよ』（ともにインプレスR&D）、『ゲームの今』（共著、SBクリエイティブ、2015年）などがある。

福島　直央（ふくしま・なお）
一般財団法人情報法制研究所 上席研究員、LINE株式会社公共戦略室室長。株式会社三菱総合研究所などで情報通信政策に関する研究・コンサルティングなどに従事したのち、2018年、LINE株式会社に入社。官公庁、自治体のDX関連の業務やCSR活動、産学連携業務などを担当。
三菱総合研究所在籍時より「電子商取引及び情報財取引等に関する準則」改訂や、オンラインゲーム事業者の資金決済法対応等の業務に携わり、2020年には「ブロックチェーンゲームの運用に関する検討会」の事務局を担当した。

●執筆者紹介

板倉陽一郎（いたくら・よういちろう）

ひかり総合法律事務所　弁護士。2002年 慶應義塾大学総合政策学部卒、2004年 京都大学大学院情報学研究科社会情報学専攻修士課程修了、2007年 慶應義塾大学法務研究科（法科大学院）修了。2008年 弁護士登録。消費者庁個人情報保護推進室政策企画専門官などを経て現職。著作として、『令和２年改正個人情報保護法の実務対応－Q&Aと事例－』（共著、新日本法規、2021年）、『個人情報保護法コンメンタール』（共著、勁草書房、2021年）ほか多数。

堀　　天子（ほり・たかね）

森・濱田松本法律事務所　弁護士。慶應義塾大学法学部卒業、2008年 金融庁総務企画局企画課調査室に出向、2009年 金融庁総務企画局企画課信用制度参事官室（～2010年）。2021年12月より内閣府規制改革推進会議 スタートアップ・イノベーションWG専門委員。著作として、『実務解説 資金決済法〔第５版〕』（商事法務、2022年）『ルール・チェンジ――武器としてのビジネス法』（共著、日本経済新聞社、2020年）ほか多数。

亀井源太郎（かめい・げんたろう）

慶應義塾大学法学部教授。日本刑法学会理事（2018年～）、著作として、『刑事立法と刑事法学』（弘文堂、2010年）、『ロースクール刑事訴訟法〔第２版〕』（法学書院、2014年）『正犯と共犯を区別するということ』（弘文堂、2005年）、『刑法Ⅰ総論』『刑法Ⅱ各論』（ともに共著、日本評論社、2020年）、『プロセス講義刑事訴訟法』（共著、信山社、2016年）ほか多数。

森　　亮二（もり・りょうじ）

英知法律事務所　弁護士。東京大学法学部卒業、ペンシルバニア大学ロースクール卒業。著作として『個人情報保護法コンメンタール』（共著、勁草書房、2021年）、「プラットフォームの法的責任と法規制の全体像」ジュリスト2020年５月号ほか多数。

上沼　紫野（うえぬま・しの）

虎ノ門南法律事務所　弁護士。1991年 東京大学法学部卒業、1997年弁護士登録。一般社団法人インターネットコンテンツ審査監視機構理事（2018年～）、内閣府「青少年インターネット環境の整備等に関する検討会」委員（2015年～）などを歴任。著作として「電子商取引の急速な拡大とこれからの課題」NBL1145号（2019年）、「海賊版ブロッキングに関する法整備議論はなぜまとまらなかったのか」NBL1136号（2018年）ほかがある。

ブロックチェーンゲームの運用に関する検討会

一般財団法人情報法制研究所において、2020年1月から6月まで、5回にわたり、研究者、弁護士、ゲーム関係事業者団体（CESA、JOGA、MCF）を委員として開催された研究会。本書は、検討会の「取りまとめ」（2020年8月31日）をもとに一般読者向けに再構成したものである。

委員一覧

氏　名	所　属
松本　恒雄（座長）	一橋大学　名誉教授
岩下　直行	京都大学　公共政策大学院　教授
実積　寿也	中央大学　総合政策学部　教授
板倉陽一郎	弁護士
堀　　天子	弁護士
森　　亮二	弁護士
澤　　紫臣	アマツ株式会社　取締役

●参考文献

堀天子『実務解説　資金決済法〔第5版〕』（商事法務、2022年）
小笠原匡隆編著『ブロックチェーンビジネスとICOのフィジビリティスタディ』（商事法務、2018年）
天羽健介・増田雅史編著『NFTの教科書――ビジネス・ブロックチェーン・法律・会計まで デジタルデータが資産になる未来』（朝日新聞出版、2021年）
野島美保『人はなぜ形のないものを買うのか――仮想世界のビジネスモデル』（NTT出版、2008年）

NFTゲーム・ブロックチェーンゲームの法制

2022年 3月30日　初版第 1 刷発行

監 修 者　松 本 恒 雄

編 著 者　福 島 直 央
　　　　　澤　　 柴 臣

発 行 者　石 川 雅 規

発 行 所　㈱商 事 法 務
〒103-0025 東京都中央区日本橋茅場町3-9-10
TEL 03-5614-5643・FAX 03-3664-8844〔営業〕
TEL 03-5614-5649〔編集〕
https://www.shojihomu.co.jp/

落丁・乱丁本はお取り替えいたします。　印刷／そうめいコミュニケーションプリンティング

ISBN978-4-7857-2931-8
＊定価はカバーに表示してあります。